数据科学与大数据技术系列

Python 数据分析基础教程
——数据可视化（第 2 版）

王斌会　王　术　编著

U0225994

电子工业出版社

Publishing House of Electronics Industry

北京 · BEIJING

内 容 简 介

本书重点介绍 Python 语言在处理数据、分析数据及数据可视化方面的应用技巧，内容涉及数据分析软件介绍、数据的收集与整理、Python 数据分析编程基础、数据的探索性分析及可视化、数据的直观分析及可视化、数据的统计分析及可视化、数据的模型分析及可视化、数据的预测分析及可视化、数据的决策分析及可视化、数据的在线分析及可视化。本书内容丰富，图文并茂，可操作性强且便于查阅，主要面向希望应用 Python 进行数据分析的读者，能有效地帮助读者提高数据处理与分析的水平，提升工作效率。书中的例子数据和习题数据都可在作者的学习网站 http://www.jdwbh.cn/Rstat 或学习博客 https://www.yuque.com/rstat/dapy 下载使用，也可登录华信教育资源网 http://www.hxedu.com.cn 免费下载。本书配套课程"数据可视化"已上线中国大学 MOOC(https://www.icourse163.org/course/JNU-1463154168)，读者可在线学习。

本书适合各个层次的数据分析用户，既可作为初学者的入门指南，又可作为中、高级用户的参考手册，同时也可作为各大中专院校和培训班的数据分析教材。

图书在版编目（CIP）数据

Python 数据分析基础教程：数据可视化 / 王斌会，王术编著. — 2 版. — 北京：电子工业出版社，2021.1
（数据科学与大数据技术系列）

ISBN 978-7-121-40277-7

Ⅰ．①P…　Ⅱ．①王…　②王…　Ⅲ．①软件工具－程序设计－高等学校－教材　Ⅳ．①TP311.561

中国版本图书馆 CIP 数据核字（2020）第 261400 号

责任编辑：秦淑灵
印　　刷：河北鑫兆源印刷有限公司
装　　订：河北鑫兆源印刷有限公司
出版发行：电子工业出版社
　　　　　北京市海淀区万寿路 173 信箱　　邮编：100036
开　　本：787×1092　1/16　印张：14.75　　字数：374 千字
版　　次：2018 年 10 月第 1 版
　　　　　2021 年 1 月第 2 版
印　　次：2025 年 2 月第 8 次印刷
定　　价：48.00 元

凡所购买电子工业出版社图书有缺损问题，请向购买书店调换。若书店售缺，请与本社发行部联系，联系及邮购电话：(010) 88254888，88258888。

质量投诉请发邮件至 zlts@phei.com.cn，盗版侵权举报请发邮件至 dbqq@phei.com.cn。

本书咨询联系方式：qinshl@phei.com.cn。

前　言

"人生苦短，我要用 Python"，这是网上对 Python 评价最多的一句话。目前我国许多地区高考都加入了 Python 编程的内容，更有甚者，一些中小学也开始开设 Python 编程课程，说明 Python 作为一种新兴的编程语言，已深入人心。Python 在人工智能、大数据分析、自动化运维、全栈开发方面有着得天独厚的优势，有渐成编程语言主流之势，并以其简单和方便使用成为人工智能开发的首选语言。

众所周知，数据分析是以数理统计为基础，应用统计学的基本原理和方法，结合计算机对实际资料和信息进行收集、整理和分析的一门科学。因此，它的原理较为抽象，对学生的数学基础要求也较高，教学中存在着大量的数学公式、数学符号、矩阵运算和统计计算，必须借助于现代化的计算工具和软件。

本书重点介绍 Python 语言在处理数据、分析数据及数据可视化方面的应用技巧，内容涉及数据分析软件介绍、数据的收集与整理、Python 数据分析编程基础、数据的探索性分析及可视化、数据的直观分析及可视化、数据的统计分析及可视化、数据的模型分析及可视化、数据的预测分析及可视化、数据的决策分析及可视化、数据的在线分析及可视化。

全书内容共 10 章，其中第 1~3 章主要讲解数据分析的一些基础知识，重点介绍如何进行数据的收集、整理和分析，以及 Python 数据的处理和编程技巧；第 4~7 章主要讲解数据分析的一些常用数据分析方法，如数据的可视化、基本数据分析方法和模型分析；第 8~10 章介绍数据的一些简单预测决策方法，并给出了一些应用 Python 方法的数据在线分析案例。

本书内容丰富，图文并茂，可操作性强且便于查阅，主要面向希望应用 Python 进行数据分析的读者，能有效地帮助读者提高数据处理与分析及可视化的水平，提升工作效率。本书适合各个层次的数据分析用户，既可作为初学者的入门指南，又可作为中、高级用户的参考手册，同时也可作为各大中专院校和培训班的数据分析教材。

在方便读者学习和使用 Python 的数据分析技术方面，本书具有以下三大优点。

（1）使用 Python 科学计算发行版 Anaconda，方便数据分析者使用。

该版本可从 https://www.anaconda.com/下载安装并直接使用。

（2）公开本书自编函数的源代码，使用者可以深入理解 Python 函数的编程技巧，用这些函数建立自己的开发包。本书建立了学习网站 http://www.jdwbh.cn/Rstat，读者可从中了解数据分析的基本知识和常用数据分析软件的使用方法。

(3)采用可视化教学平台：Python 的基础版缺少一个面向一般人群的菜单界面，这对那些只想用其进行数据分析的使用者而言是一大困难，本书采用流行的 Anaconda 自带的分析平台 Jupyter(Jupyter Notebook 或 Jupyter Lab)进行操作，该平台可作为数据分析教学软件使用，也可登录 Jupyter 云计算平台(http://www.jdwbh.cn/DaPy)进行学习和做作业。

本次修订是本书的第二次大的修改，主要扩展了五个方面的内容：

(1)对全书内容进行了适当的调整，增加了大量数据可视化分析方面的内容。

(2)每章增加了思维导图，方便读者学习和了解 Python 数据分析方法。

(3)优化了部分章节的代码和操作，使用者可以进一步理解 Python 函数的编程技巧。

(4)建立了本书的资源管理网站(https://www.yuque.com/rstat/dapy)，书中的数据、代码、例子、习题、PPT 等都可直接在网上下载使用。

(5)录制了本教材的配套在线课程"数据可视化"，已上线中国大学 MOOC(https://www.icourse163.org/course/JNU-1463154168)，读者可在线学习。

本书由王斌会、王术共同完成，其中第 1～6 章由王斌会撰写，第 7～10 章由王术撰写，王斌会负责全书的统稿。侯雅文、汪志红、谢贤芬、王志坚、李雄英、何志锋、颜斌、徐锋和梁焙婷等对书中内容进行了校对，在此深表谢意！

本书在写作过程中得到广东恒电科技信息股份有限公司的大力支持，也得到暨南大学管理学院和企业管理系的支持和鼓励，在此一并表示感谢！

由于作者知识和水平有限，书中难免有错误和不足之处，欢迎读者批评指正！

2020 年 12 月于暨南园

目　　录

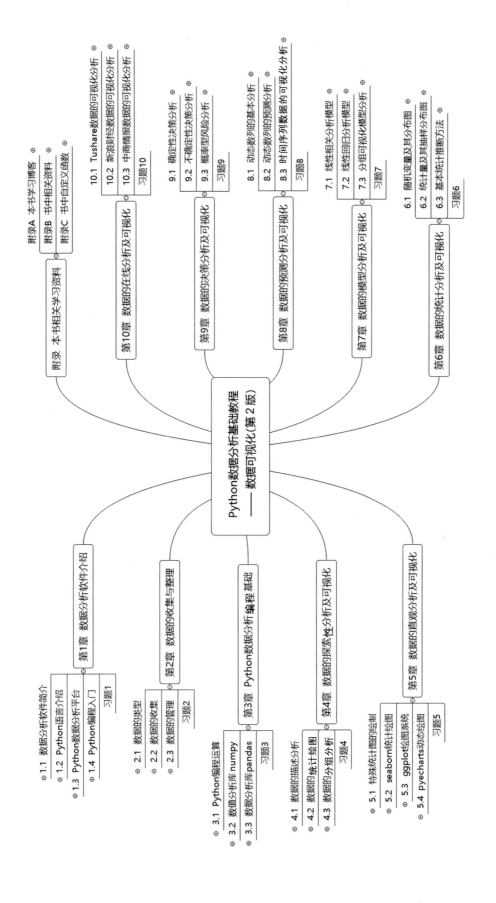

Python数据分析基础教程(第 2 版)
——数据可视化

附录 本书相关学习资料
- 附录A 本书学习博客 ⊕
- 附录B 书中相关资料
- 附录C 书中自定义函数 ⊕

第10章 数据的在线分析及可视化
- 10.1 Tushare数据的可视化分析 ⊕
- 10.2 新浪财经数据的可视化分析 ⊕
- 10.3 中商情报数据的可视化分析 ⊕
- 习题10

第9章 数据的决策分析及可视化
- 9.1 确定性决策分析 ⊕
- 9.2 不确定性决策分析 ⊕
- 9.3 概率型风险分析 ⊕
- 习题9

第8章 数据的预测分析及可视化
- 8.1 动态数列的基本分析 ⊕
- 8.2 动态数列的预测分析 ⊕
- 8.3 时间序列数据的可视化分析 ⊕
- 习题8

第7章 数据的模型分析及可视化
- 7.1 线性相关分析模型 ⊕
- 7.2 线性回归分析模型
- 7.3 分组可视化模型分析 ⊕
- 习题7

第6章 数据的统计分析及可视化
- 6.1 随机变量及其分布图 ⊕
- 6.2 统计量及抽样分布图
- 6.3 基本统计推断方法 ⊕
- 习题6

第1章 数据分析软件介绍
- ⊕ 1.1 数据分析软件简介
- ⊕ 1.2 Python语言介绍
- ⊕ 1.3 Python数据分析平台
- ⊕ 1.4 Python编程入门
- 习题1

第2章 数据的收集与整理
- ⊕ 2.1 数据的类型
- ⊕ 2.2 数据的收集
- ⊕ 2.3 数据的管理
- 习题2

第3章 Python数据分析编程基础
- ⊕ 3.1 Python编程运算
- ⊕ 3.2 数值分析库 numpy
- ⊕ 3.3 数据分析库 pandas
- 习题3

第4章 数据的探索性分析及可视化
- ⊕ 4.1 数据的描述分析
- ⊕ 4.2 数据的统计绘图
- ⊕ 4.3 数据的分组分析
- 习题4

第5章 数据的直观分析及可视化
- ⊕ 5.1 特殊统计图的绘制
- ⊕ 5.2 seaborn统计绘图
- ⊕ 5.3 ggplot绘图系统
- ⊕ 5.4 pyecharts动态绘图
- 习题5

第1章　数据分析软件介绍

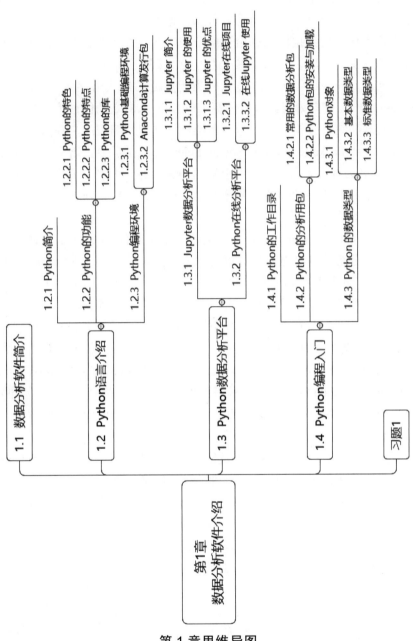

第 1 章思维导图

1.1 数据分析软件简介

可以进行数据分析的软件有很多,如电子表格、SAS、SPSS、MATLAB、Stata、Eviews、R、Python 等,下面简单介绍一下这些软件。

电子表格(如 Excel、WPS 等)不仅是数据管理软件,也是分析数据的入门工具。尽管其统计分析功能并不十分强大,但是它可以快速地做一些基本的数据分析工作,也可以创建供大多数人使用的数据图表。由于电子表格在数据存量、图形样式、统计方法和统计建模方面功能受限,所以它们很难成为专业的数据分析软件。

SAS(Statistics Analysis System)是使用最为广泛的三大著名统计分析软件(SAS,SPSS 和 Splus)之一,被誉为统计分析的标准软件。SAS 是功能最为强大的统计软件,有完善的数据管理和统计分析功能,是熟悉统计学并擅长编程的专业人士的首选。

SPSS(Statistical Package for the Social Science)也是世界上著名的统计分析软件之一。SPSS 的中文名为社会科学统计软件包,这是为了强调其社会科学应用的一面,而实际上它在社会科学和自然科学的各个领域都能发挥巨大作用。与 SAS 比较,SPSS 是非统计学专业人士的首选。

MATLAB 是美国 MathWorks 公司出品的商业数学软件,是用于数值计算、算法开发、数据可视化及数据分析的高级技术计算语言和交互式环境,主要包括 Matrix 和 Simulink 两大部分。它在矩阵运算和模拟分析方面首屈一指,主要应用于工程计算、控制设计、信号处理与通信、图像处理、信号检测、金融建模设计与分析等领域。

Stata 是一套完整的、集成的统计分析软件包,可以满足数据分析、数据管理和图形的所有需要。Stata 新版增加了许多新的特征,比如结构方程模型(SEM)、ARFIMA、Contrasts、ROC 分析、自动内存管理等。Stata 适用于 Windows、Macintosh 和 Unix 平台计算机(包括 Linux)。Stata 的数据集、程序和其他数据能够跨平台共享,且不需要转换,同样可以快速而方便地从其他统计软件包、电子表单和数据库中导入数据集。目前在时间序列分析和计量经济建模编程方面有着广泛的应用。

Eviews 是美国 QMS 公司于 1981 年发行的第 1 版 Micro TSP 的 Windows 版本,通常称为计量经济学软件包,是当今世界最流行的计量经济学软件之一。它可应用于科学计算中的数据分析与评估、财务分析、宏观经济分析与预测、模拟、销售预测和成本分析等。由于 Eviews 提供了一个很好的工作环境,能够迅速地进行编程、估计、使用新的工具和技术,所以它在计量经济建模方面有着广泛的应用。

从纯数据分析角度来说,应用最好的当属 S 语言的免费开源及跨平台系统 R 语言。R 语言是一款用于统计计算的很成熟的免费软件,也可以把它理解为一种统计计算语言,实际上很多人都直接称呼它为 “R”,它比 C++,Fortran 等不知道简单了多少!如果你是一位数据分析的初学者,面对众多数据分析软件感到困惑且难以抉择,又想快速地掌握统计计算、数据分析甚至目前比较流行的数据挖掘技术,那首选的语言就是 R!

不过,R 语言对于初学编程和数据分析的人来说,入门还是有一定难度的,因为它还不是真正意义上的一般编程语言，所以现在流行一句话"人生苦短，我用 Python!"说明 Python 作为一种新兴的编程语言，已深入人心。现在我国许多地区高考试题中加入了 Python 编程的内容，一些中小学也开始开设 Python 编程课程。另外，由于 Python 博采众长，不断吸收其他数据分析软件的优点，并加入了大量的数据分析功能，它已成为仅次于 Java、C 及 C++的第四大语言，且在数据处理领域有超过 R 语言的趋势，所以本数据分析教程采用了 Python 作为分析工具。

综上所述，出于数据管理的方便，适用于一般的数据分析的最好的数据管理软件应该是电子表格类软件，大量数据可以在一个工作簿中保存。所以，对规模不太大的数据集，建议采用该方法来管理和编辑数据，而统计软件是我们进行数据分析不可或缺的工具。随着知识产权保护要求的不断提高，免费和开放源代码逐渐成为一种趋势，R 语言和 Python 正是在这个大背景下发展起来的，并逐渐成为数据分析的标准软件。考虑到微软的 Excel 必须购买正版，而 WPS 提供官方免费正版软件，笔者认为，通常的数据处理和分析用 WPS+Python 或 WPS+R 语言足矣！

1.2　Python 语言介绍

1.2.1　Python 简介

Python（英音：/'paɪθən/，美音：/'paɪθɑ:n/）是一种面向对象的解释型计算机程序设计语言，由荷兰人 Guido van Rossum 于 1989 年发明，第一个公开发行行版发行于 1991 年。

Python 是纯粹的自由软件，源代码和解释器 CPython 遵循 GPL（GNU General Public License）协议。Python 语法简洁清晰，特色之一是强制用空白符（white space）作为语句缩进。

Python 具有丰富而强大的库，它常被称为胶水语言，能够把用其他语言制作的各种模块（尤其是 C/C++）很轻松地联结在一起。常见的一种应用情形是，使用 Python 快速生成程序的原型（有时甚至是程序的最终界面），然后对其中有特别要求的部分，用更合适的语言改写，比如，3D 游戏中的图形渲染模块性能要求特别高，就可以用 C/C++重写，然后封装为 Python 可以调用的扩展类库。需要注意的是，在使用扩展类库时可能需要考虑平台问题，某些类库可能不提供跨平台的实现。

由于 Python 语言具有简洁性、易读性及可扩展性，在国外用 Python 进行科学计算的研究机构日益增多，一些知名大学已经采用 Python 来教授程序设计课程。

例如，卡耐基梅隆大学的编程基础、麻省理工学院的计算机科学及编程导论类课程就使用 Python 语言讲授。众多开源的科学计算软件包都提供了 Python 的调用接口，如著名的计算机视觉库 OpenCV、三维可视化库 VTK、医学图像处理库 ITK。而 Python 专用的科学计算扩展库就更多了，如以下 3 个十分经典的科学计算扩展库：NumPy、SciPy 和 matplotlib，它们分别为 Python 提供了快速数组处理、数值运算及绘图功能。因此，Python 语言及其众多的扩展库所构成的开发环境十分适合工程技术、科研人员处理实验数据、制作图表，甚至开发科学计算应用程序。

Python 的官方网站为 https://www.python.org/，在该网站可以下载 Python 软件和许多程序包，以及有关 Python 的资料。

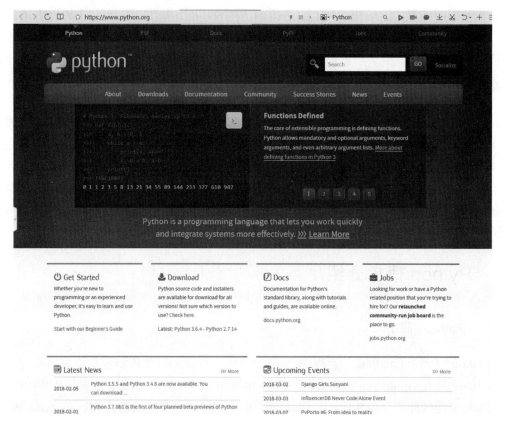

1.2.2 Python 的功能

1.2.2.1 Python 的特色

Python 是一个高层次的结合了解释性、编译性、互动性和面向对象的脚本语言，其设计具有很强的可读性。

（1）Python 是解释型语言：这意味着开发过程中没有了编译这个环节。

（2）Python 是交互式语言：这意味着可以在一个 Python 提示符下直接互动执行写程序。

（3）Python 是面向对象语言：这意味着 Python 支持面向对象的风格或代码封装在对象的编程技术。

（4）Python 是初学者的语言：对初级程序员而言，Python 是一种"伟大"的语言，它支持广泛的应用程序——从简单的文字处理到网络爬虫再到游戏开发。

1.2.2.2 Python 的特点

Python 具体有如下一些特点。

（1）简单、易学。

（2）免费、开源。

（3）高层语言：封装内存管理等。

（4）可移植性：程序如果避免使用依赖于系统的特性，那么无须修改就可以在任何平台上运行。

（5）可解释性：直接从源代码运行程序，不再需要担心如何编译程序，使得程序更加易于移植。

（6）面向对象：支持面向过程的编程，也支持面向对象的编程。

（7）可扩展性：需要保密或者高效的代码，可以用 C 或 C++编写，然后在 Python 程序中使用。

（8）可嵌入性：可以把 Python 嵌入 C/C++程序，从而向程序用户提供脚本功能。

（9）丰富的库：包括正则表达式、文档生成、单元测试、线程、数据库、网页浏览器、CGI、FTP、电子邮件、XML、XML-RPC、HTML、WAV 文件、密码系统、GUI(图形用户界面)、Tk 和其他与系统有关的操作。

除标准库以外，还有许多其他高质量的库，如 wxPython、Twisted 和 Python 图像库等。

（10）概括性强：Python 确实是一种十分精彩又强大的语言，它合理地结合了高性能与使得编写程序简单有趣的特色。

（11）规范的代码：Python 采用强制缩进的方式使得代码具有极佳的可读性。

1.2.2.3 Python 的库

Python 最大也是其成为最流行的编程和数据分析软件的特点就是，它包含大量的扩展库(有时也称包)及拥有方便的二次开发功能。Python 的扩展库包罗万象，它所能完成的数据统计模型已经超出任何其他商业统计软件。https://pypi.org/上所列的扩展库有 20 多万个(包含几十万个数据分析方法)，除进行各种程序开发外，完全可以满足我们进行数据分析之用。

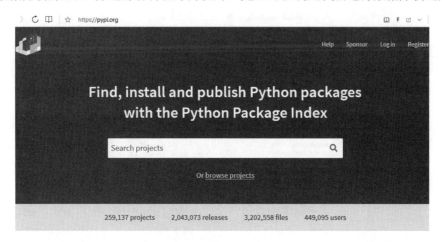

The Python Package Index (PyPI) is a repository of software for the Python programming language.

PyPI helps you find and install software developed and shared by the Python community. Learn about installing packages ⧉.

Package authors use PyPI to distribute their software. Learn how to package your Python code for PyPI ⧉.

1.2.3 Python 编程环境

1.2.3.1 Python 基础编程环境

Python 是一种强大的面向对象编程语言，这样的编程环境需要使用者不仅熟悉各种命令的操作，还须熟悉 DOS 编程环境，而且所有命令执行完即进入新的界面，这给那些不具备编程经验或对统计方法掌握不太好的使用者造成了极大的困难。如果我们从 https://www.python.org/下载了 Python 最新版，那么安装后只是一个不包括大量库的最基本语言环境。本书采用基于 Anaconda 的 Jupyter 平台进行数据分析。

1.2.3.2 Anaconda 计算发行包

（1）Anaconda 的下载与安装。

我们知道，基本的 Python 环境只包含常用的编程模块，基本不包含数据分析和科学计算模块，所以，作为数据分析工作者，我们需要选择一个方便的 Python 编程环境。

可喜的是，现在有许多公司为了迎接大数据时代的来临，构建了许多基于 Python 的发行版，其中包括用于编程的 IDE（Integrated Development Environment，集成开发环境）及常用的编程和数据分析库。

这里给大家推荐一款用于科学计算和数据分析的 Python 的发行版 Anaconda，可从 https://www.anaconda.com/下载其安装包。建议大家下载 Python 3.6 及以上版本。

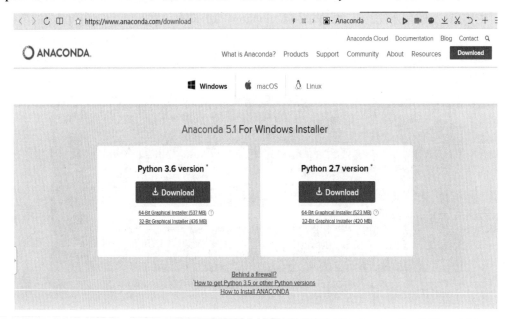

注意： Anaconda 指的是一个开源的 Python 发行版本，它包括 numpy、pandas、matplotlib、scipy 等 180 多个科学包及其依赖项。因为包含了大量的科学计算包，故 Anaconda 的下载文件比较大（约 500 MB），但安装后可满足大多数数据分析的需求。

下载 Windows 版的 Anaconda 的 Python 3.7 版本，按常规方法安装，安装后在 Windows 系统菜单中会出现一个子菜单，大家可选择其中一个程序来使用 Python。

（2）Anaconda 的启动与运行。

打开 Windows 的菜单栏，可看到 Anaconda 的子菜单：

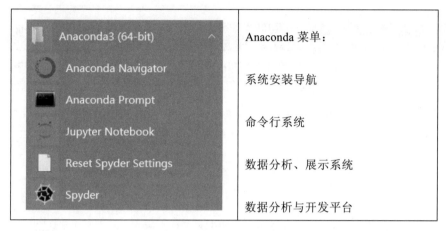

（3）系统安装导航。

这里包含大量的学习材料和平台，大家可自行选择使用和学习。

（4）如果只作为计算器或进行简单计算使用，可在系统菜单中执行 Anaconda Prompt。

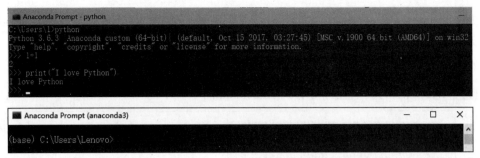

通常第三方程序包须在 Anaconda Prompt 命令上安装，安装命令为 pip install 包名或 conda install 包名，如要安装 plotnine 扩展包，请在命令行执行下面的命令：

```
> pip install plotnine
```

下面是一些包的命令：

列出当前安装的包：> pip list
列出可升级的包：> pip list --outdate
升级一个包：> pip install --plotnine
卸载一个包：> pip uninstall plotnine

(5) 如果要进行基本的数据分析和展示，可执行 Jupyter Notebook。

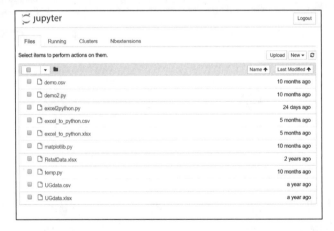

也可以在命令行执行 Jupyter Lab，见下一节。Jupyter Lab 可以视为 Jupyter Notebook 的第二代产品，两者界面基本一样，但 Jupyter Lab 更像一个编程平台。

在 Jupyter 中安装包也很容易，即执行下面的命令：

In	! pip install plotnine

本书的所有代码都是在 Jupyter 上实现的。

1.3　Python 数据分析平台

如果用来讲课或演示数据分析结果，那么我们推荐 Jupyter，它有类似于 Mathematica 的界面。特点是：①同时查看代码和运行结果；②支持多种语言。

1.3.1 Jupyter 数据分析平台

1.3.1.1 Jupyter 简介

Jupyter 是一个交互式笔记本，支持运行 40 多种编程语言。Jupyter Notebook 的本质是一个 Web 应用程序，便于创建和共享文学化程序文档，支持实时代码、数学方程、可视化和 markdown。用途包括数据清理和转换、数值模拟、统计建模、机器学习等。

Jupyter 的特点是用户可以通过电子邮件、Dropbox、GitHub 和 Jupyter Notebook Viewer 将 Jupyter Notebook 分享给其他人。在 Jupyter Notebook 中，代码可以实时生成图像、视频、LaTeX 和 JavaScript。

有时为了能与同行们有效沟通，你需要重现整个分析过程，并将说明文字、代码、图表、公式、结论整合在一个文档中。显然，传统的文本编辑工具并不能满足这一需求，所以我们隆重推荐 Jupyter，它不仅能在文档中执行代码，还能以网页形式分享。

1.3.1.2 Jupyter 的使用

我们强烈建议使用 Anaconda 发行版安装 Python 和 Jupyter，其中包括 Python、Jupyter Notebook、Jupyter Lab 以及用于科学计算和数据科学的其他常用软件包。

如果你已经安装了 Anaconda，要运行 Jupyter，请在终端（Mac／Linux）或命令提示符（Windows）下运行以下命令：jupyter notebook 或 jupyter lab。

如果你安装的是 Anaconda，那么它已包含 Jupyter，由于 Jupyter 具有网页功能，所以直接打开不易确定当前执行目录，有以下几种在当前目录中打开 Jupyter 的方法。

（1）命令行法

在 AnacondaPrompt 命令行输入

```
jupyter notebook --notebook-dir=D:\\DaPy2
```
或
```
jupyter lab --notebook-dir=D:\\DaPy2
```

也可以将目录切换成 D:\DaPy1，然后运行 Jupyter，如

```
D:\>cd DaPy2
D:\DaPy1>jupyter notebook
```
或
```
D:\DaPy1>jupyter lab
```

（2）Powershell 法

进入工作目录文件夹（如 D:/DaPy2）→Shift 键+鼠标右键→此处打开 Powershell 窗口→在弹出的命令窗口中输入 Jupyter Notebook，如 PS D:\DaPy1\> Jupyter Notebook。

（3）修改 config.py

在 CMD（Win+R）中使用 jupyter notebook --generate-config 创建 jupyter_notebook_config.py 文档，在文档中将"c.NotebookApp.notebook_dir = "修改为

```
c.NotebookApp.notebook_dir = 'D:\\DaPy2'
```

这样以后每次启动时自动到目录'D:\\DaPy2'下运行。

(4) 修改 config.json

打开 Anaconda 安装目录下的 etc 文件，如 C:\Anaconda3\etc\jupyter，安装目录在 C:\Anaconda3，打开 jupyter_notebook_config.json 文件，进行如下修改即可：

```
{
    "NotebookApp": {
        "nbserver_extensions": {
            "jupyterlab": true,
            "jupyter_nbextensions_configurator": true
        },
        "notebook_dir":"D:\\DaPy2"
    }
}
```

这样以后每次启动时自动到目录'D:\\DaPy2'下运行。

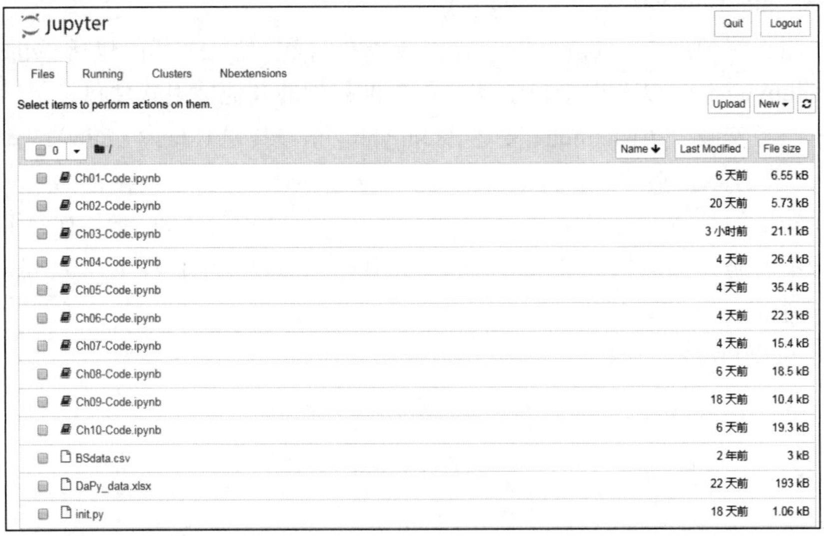

1.3.1.3 Jupyter 的优点

1. 所见即所得

(1) 适合数据分析：想象一下如下混乱的场景——你在终端运行程序，可视化结果却显示在另一个窗口中，包含函数和类的脚本存在其他文档中，更可恶的是，你还需要另外写一份说明文档来解释程序如何执行以及结果如何。此时 Jupyter 从天而降，将所有内容收归一处，你是不是顿觉灵台清明，思路更加清晰了呢？

(2) 支持多种语言：也许你习惯使用 R 语言来进行数据分析，或者想用学术界常用的 MATLAB 和 Mathematica，这些都不成问题，只要安装相对应的核 (Kernel) 即可。Jupyter 支持 40 多种编程语言。

(3) 分享便捷：支持以网页的形式分享，GitHub 支持 Notebook 展示，也可以通过

nbviewer 分享你的文档。当然，也支持导出成 HTML、Markdown、PDF 等多种格式的文档。

（4）远程运行：在任何地点都可以通过网络链接远程服务器来实现运算。

（5）交互式展现：不仅可以输出图片、视频、数学公式，甚至可以呈现一些互动的可视化内容，比如可以缩放的地图或者可以旋转的三维模型。

下面是采用 Jupyter 所做的一些所见即所得的操作结果。

（1）小学数学

In	# 无格式输出
	1 * 8 + 1
	12 * 8 + 2
	123 * 8 + 3
	1234 * 8 + 4
	12345 * 8 + 5
	123456 * 8 + 6
	1234567 * 8 + 7
	12345678 * 8 + 8
	123456789 * 8 + 9
Out	9
	98
	987
	9876
	98765
	987654
	9876543
	98765432
	987654321
In	# 有格式输出
	print(' 1 * 8 + 1 =', 1 * 8 + 1)
	print(' 12 * 8 + 2 =', 12 * 8 + 2)
	print(' 123 * 8 + 3 =', 123 * 8 + 3)
	print(' 1234 * 8 + 4 =', 1234 * 8 + 4)
	print(' 12345 * 8 + 5 =', 12345 * 8 + 5)
	print(' 123456 * 8 + 6 =', 123456 * 8 + 6)
	print(' 1234567 * 8 + 7 =', 1234567 * 8 + 7)
	print(' 12345678 * 8 + 8 =', 12345678 * 8 + 8)
	print('123456789 * 8 + 9 =', 123456789 * 8 + 9)
Out	1 * 8 + 1 = 9
	12 * 8 + 2 = 98
	123 * 8 + 3 = 987
	1234 * 8 + 4 = 9876
	12345 * 8 + 5 = 98765

	123456 * 8 + 6 = 987654
	1234567 * 8 + 7 = 9876543
	12345678 * 8 + 8 = 98765432
	123456789 * 8 + 9 = 987654321
In	# 乘法口诀 for i in range(1,10): #range(1,10)=[1,2,3,4,5,6,7,8,9] 　　for j in range(1,i+1): 　　　　print("%d×%d=%d"%(j,i,j*i),end=' ') 　　print("")
	1×1=1 1×2=2 2×2=4 1×3=3 2×3=6 3×3=9 1×4=4 2×4=8 3×4=12 4×4=16 1×5=5 2×5=10 3×5=15 4×5=20 5×5=25 1×6=6 2×6=12 3×6=18 4×6=24 5×6=30 6×6=36 1×7=7 2×7=14 3×7=21 4×7=28 5×7=35 6×7=42 7×7=49 1×8=8 2×8=16 3×8=24 4×8=32 5×8=40 6×8=48 7×8=56 8×8=64 1×9=9 2×9=18 3×9=27 4×9=36 5×9=45 6×9=54 7×9=63 8×9=72 9×9=81

Ch01-MD.ipynb　　●

🖫 ＋ ✂ ⬚ 📋 ▶ ■ ↻ ⏭　Markdown ⌄　　　　　　　Python 3

1.3.1 Jupyter数据分析平台

1.3.1.3 Jupyter 的优点

```
[1]: print('        1 * 8 + 1 =', 1 * 8 + 1)
     print('       12 * 8 + 2 =', 12 * 8 + 2)
     print('      123 * 8 + 3 =', 123 * 8 + 3)
     print('     1234 * 8 + 4 =', 1234 * 8 + 4)
     print('    12345 * 8 + 5 =', 12345 * 8 + 5)
     print('   123456 * 8 + 6 =', 123456 * 8 + 6)
     print('  1234567 * 8 + 7 =', 1234567 * 8 + 7)
     print(' 12345678 * 8 + 8 =', 12345678 * 8 + 8)
     print('123456789 * 8 + 9 =', 123456789 * 8 + 9)
```

```
        1 * 8 + 1 = 9
       12 * 8 + 2 = 98
      123 * 8 + 3 = 987
     1234 * 8 + 4 = 9876
    12345 * 8 + 5 = 98765
   123456 * 8 + 6 = 987654
  1234567 * 8 + 7 = 9876543
 12345678 * 8 + 8 = 98765432
123456789 * 8 + 9 = 987654321
```

```
[2]: for i in range(1,10):
         for j in range(1,i+1):
             print("%d×%d=%d"%(j,i,j*i),end=' ')
         print("")
```

```
1×1=1
1×2=2 2×2=4
1×3=3 2×3=6 3×3=9
1×4=4 2×4=8 3×4=12 4×4=16
1×5=5 2×5=10 3×5=15 4×5=20 5×5=25
1×6=6 2×6=12 3×6=18 4×6=24 5×6=30 6×6=36
1×7=7 2×7=14 3×7=21 4×7=28 5×7=35 6×7=42 7×7=49
1×8=8 2×8=16 3×8=24 4×8=32 5×8=40 6×8=48 7×8=56 8×8=64
1×9=9 2×9=18 3×9=27 4×9=36 5×9=45 6×9=54 7×9=63 8×9=72 9×9=81
```

(2) 初等数学

In	x=[1,3,5,7,9];x y=[2,4,6,8,10];y　　　　#y=2x
Out	[1,3,5,7,9] [2,4,6,8,10]
In	import matplotlib.pyplot as plt plt.plot(x,y);　　　　#线图
Out	
In	plt.plot(x,y);　　　　#点线图
Out	

2. 数学公式编辑

如果你曾做过学术研究，那么一定对 LaTeX 不陌生，它是写科研论文的必备工具，不但能实现严格的文档排版，而且能编辑复杂的数学公式。在 Jupyter 的 Markdown 单元中，可以使用 LaTeX 的语法来插入数学公式。

在文本行插入数学公式，可使用一对$符号，比如质能方程$E = mc^2$。如果要插入一个数学区块，则使用一对美元$符号。比如，下面的公式表示 $z=x/y$：

```
$$ z = frac{x}{y} $$
```

关于如何在 Jupyter 中使用 LaTeX，可进一步参考 A Primer on Using LaTeX in Jupyter Notebooks（http://data-blog.udacity.com/posts/2016/10/latex-primer/）。

如果我们在 Jupyter 的 In 输入框中输入下面的文字，然后将输入框转换为 Markdown 格式，即可获得下面的公式。

In	**直角坐标系下椭圆函数为：** $\frac{x^2}{a^2}+\frac{y^2}{b^2}=1$ $x=asin(t);y=bcos(t)$

	$t=[0,2\pi]$
	本例取 a=2, b=3 可得下图

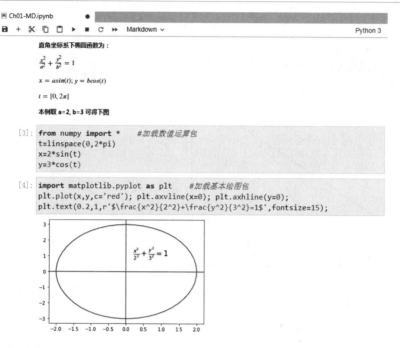

3. 幻灯片制作

既然 Jupyter Notebook 擅长展示数据分析的过程，那么除通过网页形式分享外，当然也可以将其制作成幻灯片的形式。

那么如何用 Jupyter Notebook 制作幻灯片呢？首先在 Notebook 的菜单栏选择 View→Cell Toolbar→Slideshow，这时在文档的每个单元右上角显示 Slide Type 选项。通过设置不同的类型来控制幻灯片的格式，类型有如下 6 种。

- Slide：主页面，通过按左右方向键进行切换。
- Sub-Slide：副页面，通过按上下方向键进行切换。
- Fragment：开始是隐藏的，按空格键或方向键后显示，实现动态效果。
- Skip：在幻灯片中不显示的单元。
- Notes：作为演讲者的备忘笔记，也不在幻灯片中显示。
- Jupyter Notebook：幻灯片设置。

当编写好幻灯片形式的 Notebook 后，该如何来演示呢？这时需要使用 nbconvert：

```
jupyter nbconvert notebook.ipynb --to slides --post serve
```

在命令行输入上述代码后，浏览器会自动打开相应的幻灯片。

4. 魔术关键字

魔术关键字(magic keywords)，正如其名，是用于控制 Notebook 的特殊命令。它们运行在代码单元中，以%或%%开头，前者控制一行，后者控制整个单元。

比如，要得到代码运行的时间，则可以使用 %timeit；如果要在文档中显示 matplotlib 包生成的图形，则使用% matplotlib inline；如果要调用外部编写好的 Python 函数文档 init.py，可用%run init.py；如果要做代码调试，则使用%pdb。注意，这些命令大多是在 Python kernel 中适用的，在其他 Kernel 中大多不适用。有许许多多魔术关键字可以使用，更详细的清单请参考 http://iPython.readthedocs.io/en/stable/interactive/ magics.html。

5. Jupyter Notebook 扩展

在命令行执行以下代码可以安装 Jupyter Notebook 扩展：

```
> pip install jupyter_contrib_nbextensions
```

安装完之后，重新启动 Jupyter 服务，就可以看到 Nbextensions 选项卡。我们只需要勾选相应的插件，在每一个 Notebook 的工具条中就会出现相应的扩展。

1.3.2　Python 在线分析平台

1.3.2.1　Jupyter 在线项目

随着网络技术的不断普及，建立基于大数据和云计算的 Web 应用平台势在必行。Jupyter 项目旨在开发跨几十种编程语言的开源软件、开放标准和用于交互式计算的服务。

打开 https://jupyter.org：

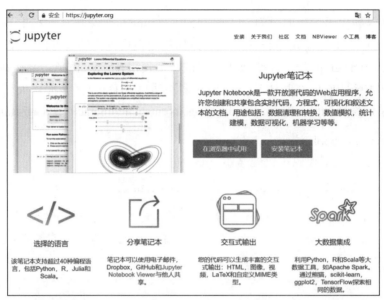

Jupyter 项目目前提供了一个在线使用开源计算程序的云服务平台，可帮助大家快速使用 40 种以上编程语言，包括 Python、R、Julia 和 Scala 等，只要在网址栏输入 https://jupyter.org/try 即可。

1.3.3.2　在线 Jupyter 使用

（1）在线 Jupyter 简介

在线 Jupyter 是一款开放源代码的 Web 应用程序，允许创建和共享包含实时代码、方程式、可视化和叙述文本的文档。用途包括数据清理和转换、数值模拟、统计建模、数据可视化、机器学习等。

在线使用 Jupyter，用户可以通过电子邮件、Dropbox、GitHub 和 Jupyter Notebook Viewer，将 Jupyter Notebook 分享给其他人。在 Jupyter Notebook 中，代码可以实时生成图像、视频、LaTeX 和 JavaScript。

数据挖掘领域最热门的比赛 Kaggle 里的资料都是 Jupyter 格式，本书也采用 Jupyter Notebook 格式（该格式的文件后缀为 ipynb）。

（2）在线 Jupyter 使用

如果不想安装庞大的 Anaconda，而只是想简单使用一下 Jupyter，那么 Jupyter 社区为大家准备了一个浏览器版的 Jupyter，只要在网址栏输入 https://jupyter.org/try 即可，推荐大家练习使用！当然，这个版本只包含了常用的程序包，一些复杂的程序包还得在本地安装版中使用，并且在线使用有时会很慢。

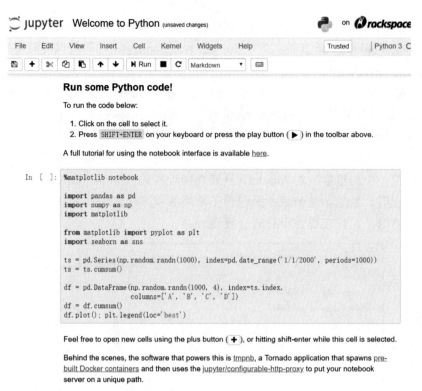

(3) 新建 Jupyter Notebook 文档

单击【New】按钮可建立相应的 Jupyter Notebook 文档语言文本，本书使用的是 Python 3 版本。

建立好文档后（文档名默认为 Untitled.ipynb）就可以用 Python 3 进行计算和分析了，也可以先建目录（Folder），再建文档。

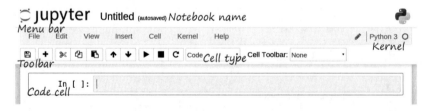

写文档时 cell 类型分成 Markdown 和 Code，可任意切换，直接写出，科学运算和画图时 numpy、scipy、pandas 等包以前都需要一个一个安装，现在全不用安装了。

也可以在文件管理菜单中修改(Rename...)之前新建的文档名，如将 Untitled.ipynb 修改为 myPython1.ipynb。可以在文档菜单中下载并保存该文档，以备后用。

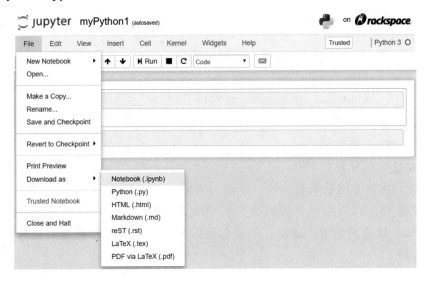

（4）上传文档与数据

由于 https://jupyter.org/try 是一个网络浏览器版，所以要使用自己的文档或数据，须事先上传【Upload】。比如，我们要用书中的基本数据进行分析，须上传 DaPy_data.xlsx 数据文档，然后就可以在 Jupyter Notebook 中使用了。

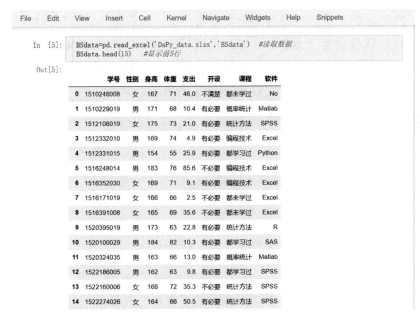

注意：对于文本数据，须注意数据的编码(encoding)格式！如果有中文名，须用 'gb2312'或'utf-8'，但都须事先定义好！

（5）Jupyter Notebook 快捷键

Jupyter Notebook 有两种键盘输入模式。

① 编辑模式 Enter，允许往单元中输入代码或文本；这时的单元框线是绿色的。

② 命令模式 Esc，通过键盘输入运行程序命令；这时的单元框线是灰色的。

Shift+Enter：运行本单元，选中下一个单元；

Ctrl+Enter：运行本单元；

Alt+Enter：运行本单元，在其下插入新单元；

Y：单元转入代码状态；

M：单元转入 Markdown 状态；

A：在上方插入新单元；

B：在下方插入新单元；

X：剪切选中的单元；

Shift +V：在上方粘贴单元。

需要说明的是，如果你是做数据分析研究的，那么建议使用 Anaconda 自带的 Spyder（相当于 R 语言的 Rstudio）；如果你是做大工程的，可考虑使用其他开发环境，如 Pycharm 等。

1.4 Python 编程入门

1.4.1 Python 的工作目录

在使用 Python 时一个重要设置是定义工作目录，即设置当前运行路径（这样全部数据和程序都将在该目录下工作）。例如，可以将 Python 的 Jupyter 工作目录设定为 D:\DaPy（先在 D 盘建立目录 DaPy，然后在编程环境下使用）。Python 中用#进行注释（注释的语句将不参与运算）。这里的%是 Jupyter 中的魔术命令之一，相当于命令行操作。

In	#获得当前目录 %pwd
Out	"C:\user\1"
In	#改变工作目录 %cd "D:\\DaPy" %pwd
Out	"D:\DaPy"

1.4.2 Python 的分析用包

Python 具有丰富的数据分析包，大多数做数据分析的人使用 Python 是因为其具备强大的数据分析功能。所有的 Python 函数和数据集都是保存在包（库）里面的。只有当一个包被安装并载入（import）时，它的内容才可以被访问。这样做一是为了高效（显示完整的列表会耗费大量的内存并且增加搜索的时间）；二是为了帮助包的开发者，防止命名和其他代码中的名称冲突。

1.4.2.1 常用的数据分析包

由于 Anaconda 发行版已安装常用的数据分析程序包，所以我们直接调用即可。下面介绍几个 Python 常用的数据分析包，如表 1-1 所示。

表 1-1　Python 常用数据分析包

包　名	说　明	主　要　功　能
math	数学包	提供大量的数学函数，完成各种数学运算
random	随机数包	Python 中的 random 模块用于生成各种随机数
numpy	数值计算包	numpy（Numeric Python）是 Python 的一种开源的数值计算扩展，以实现科学计算。它提供了许多高级数值计算工具，如矩阵数据类型、矢量处理，以及精密的运算库。专为进行严格的数字处理而产生
scipy	科学计算包	提供了很多科学计算工具包和算法，易于使用，是专为科学和工程设计的 Python 工具包。它包括统计、优化、整合、线性代数模块、傅里叶变换、信号和图像处理、常微分方程求解器等，包含常用的统计估计和检验方法
pandas	数据操作包	提供类似于 R 语言的 DataFrame 操作，非常方便。pandas 是面板数据（Panel Data）的简写。它是 Python 最强大的数据分析和探索工具，因金融数据分析而开发，支持类似 SQL 的数据增删改查，支持时间序列分析，可灵活处理缺失数据
statsmodels	统计模型包	statsmodels 可以补充 scipy.stats，是一个包含统计模型、统计测试和统计数据挖掘的 Python 模块。对每一个模型都会生成一个对应的统计结果，对时间序列有完美的支持功能
matplotlib	基本绘图包	该包主要用于绘图和绘表，是一个强大的数据可视化工具，可做图库，语法类似 MATLAB，是一个 Python 的图形框架。它是 Python 最著名的绘图库，提供了一整套和 MATLAB 相似的命令 API，十分适合交互式制图。我们也可以方便地将它作为绘图控件，嵌入 GUI 应用程序中
seaborn	统计绘图包	seaborn 是 matplotlib 的绘图高级版本，主要是针对统计绘图的，较为方便。seaborn 在 matplotlib 的基础上进行了更高级的 API 封装，从而使得绘图更加容易，在大多数情况下，使用 seaborn 就能绘出具有吸引力的图，应该把 seaborn 视为 matplotlib 的补充，而不是替代物
ggplot 和 plotmine	可视化包	Python 中仿照 R 语言 ggplot 构建的高级绘图模块。ggplot 和 plotnine 是用于绘制统计图的扩展包，它将绘图视为一种映射，即从数学空间映射到图形元素空间，比如，将不同的数值映射到不同的色彩或透明度。目前来看，plotnine 比 ggplot 的封装更好，建议使用

注意：安装程序包和载入程序包是两个概念，安装程序包是指将需要的程序包安装到电脑中，载入程序包是指将程序包调入 Python 环境中。

1.4.2.2　Python 包的安装与加载

程序包（plotnine）的安装命令如下（单击系统菜单 Anaconda Prompt）：

```
> pip install plotnine
```

也可在当前环境中安装，如：

In	!pip install plotnine	#安装 plotnine 包

Python 调用包的命令是 import，如要调用上述包，可用

In	import math	#基础数学包
	import numpy	#数值分析包
	import pandas	#数据操作包
	import matplotlib	#基本绘图包

要使用这些包中的函数，可直接使用包名加"."。如要用 matplotlib 绘 plot 图，可用 matplotlib.plot(...)。

如要简化这些包的写法，可用 as 命令赋予别名，如

In	import numpy as np
	import pandas as pd
	import matplotlib as plt

这样 matplotlib.plot(...)可简化为 plt.plot(...)。

如要调用 Python 包中某个具体函数或方法，可使用 from ... import，例如，要调用 math 包中的开方、对数和 pi 函数，则用

In	from math import sqrt, log, pi

这时可在程序中直接使用，如 sqrt(2)，它等价于 math.sqrt(2)。

下面的命令可将多行命令结果一次性输出，否则只输出最后一行命令的结果。

In	from IPython.core.interactiveshell import InteractiveShell as IS
	IS.ast_node_interactivity = "all" #多行命令一次性输出

1.4.3 Python 的数据类型

1.4.3.1 Python 对象

Python 创建和控制的实体称为对象(object)，它们可以是变量、数组、字符串、函数或数据框。由于 Python 是一种所见即所得的脚本语言，故不需要编译。在 Python 里，对象是通过名字创建和保存的。可以用 who 命令查看当前打开的 Python 环境里的对象，用 del 删除这些对象。如：

(1)查看数据对象

In	%who
Out	Interactive namespace is empty.

(2)生成数据对象

In	x=10.12 #创建对象 x
	%who
Out	x

(3)删除数据对象

In	del x #删除对象 x %who
Out	Interactive namespace is empty.

上面列出的是新创建的数据对象 x 的名称。Python 对象的名称必须以一个英文字母打头，并由一串大小写字母、数字或下画线组成。**注意**：Python 区分大小写，比如，Orange 与 orange 数据对象是不同的。不要用 Python 的自带(内置)函数名作为对象的名称，如 who、del 等。

1.4.3.2 基本数据类型

Python 的基本数据类型包括数值型、逻辑型、字符型、日期型等，也可以是缺失值，并且这些类型间可相互转换。

(1)数值型

数值型数据的形式是实数，可以写成整数(如 n=3)、小数(如 x=1.46)、科学记数(y=1e9)的方式，该类型数据默认是双精度数据。

Python 支持 4 种不同的数据类型：

int(有符号整型)；

long(长整型，也可以代表八进制和十六进制)；

float(浮点型)；

complex(复数)。

说明：Python 中显示数据或对象内容直接用其名称，相当于执行 print 函数，见下。

In	n=10 #整数
	n #无格式输出，相当于 print(n)
	print("n=",n) #有格式输出
	x=10.234 #实数
	print(x)
	print("x=%10.5f"%x)

Out	10 n= 10 10.234 "x= 10.23400"

(2)逻辑型

逻辑型数据只能取 True 或 False 值。

In	a=True;a b=False;b
Out	True False

可以通过比较获得逻辑型数据，如下所示。

In	10>3
	10<3
Out	True
	False

(3)字符型

字符型数据是夹在双引号" "或单引号' '之间的字符串，如'MR'。**注意**：一定要用英文引号，不能用中文引号" "或' '。Python 语言中的 String(字符串)是由数字、字母、下画线组成的一串字符。一般形式为

```
s = 'I love Python'
```

它是编程语言中表示文本的数据类型。

另外，Python 字符串具有切片功能，即从左到右索引默认从 0 开始，最大范围是字符串长度减 1(左闭右开)；从右到左索引默认从 –1 开始，最大范围是字符串开头。如果要实现从字符串中获取一段子字符串，可以使用变量[头下标:尾下标]，其中下标从 0 开始算起，可以是正数或负数，也可以为空，表示取到头或尾。比如，上例中 s[7]的值是 p，s[2:6]的结果是 love。

加号(+)是字符串连接运算符，星号(*)是重复操作符。

In	s = 'We love Python';s
	s[7]
	s[2:6]
	s+s
	s*2
Out	'We love Python'
	'P'
	'love'
	'We love PythonWe love Python'
	'We love PythonWe love Python'

(4)缺失值

有些统计资料是不完整的。当一个元素或值在统计的时候是"不可得到"或"缺失值"的时候，相关位置可能会被保留并且赋予一个特定的 nan(not available number，不是一个数)值。任何 nan 的运算结果都是 nan，比如，float('nan')就是一个实数缺失值。

(5)数据类型转换

有时候，我们需要对数据内置的类型进行转换。数据类型的转换，只需要将数据类型作为函数名即可。

以下几个内置的函数可以实现数据类型之间的转换。这些函数返回一个新的对象，表示转换的值。

下面列出几种常用的数据类型转换方式：

```
int(x [,base])        #将 x 转换为一个整数
float(x)              #将 x 转换为一个浮点数
str(x)                #将对象 x 转换为字符串
chr(x)                #将一个整数转换为一个字符
```

Python 的所有数据类型都是类，可以通过 type（）查看该变量的数据类型。

1.4.3.3　标准数据类型

在内存中存储的数据可以有多种类型。例如，一个人的年龄可以用数字来存储，名字可以用字符来存储。Python 定义了一些标准类型，用于存储各种类型的数据。Python 有几个标准的数据类型，这些数据类型是由上述基本类型构成的。

（1）List（列表）

列表是 Python 中使用最频繁的数据类型。列表可以完成大多数集合类的数据结构实现。它支持字符、数字、字符串，甚至可以包含列表（嵌套）。列表用 [] 标识，是一种最通用的复合数据类型。Python 的列表也具有如字符串一样的切片功能，列表中值的切割也可以用到变量 [头下标:尾下标]，可以截取相应的列表，从左到右索引默认 从 0 开始，从右到左索引默认从–1 开始，下标可以为空，表示取到头或尾。

加号(+)是列表连接运算符，星号(*)是重复操作符。操作类似字符串。

列表是我们进行数据分析的基本类型，所以必须掌握。

In	list1 =[]　　　　　　　 # 空列表
	list1
	list1 = ['Python', 786, 2.23, 'R', 70.2]
	list1　　　　　　　　 # 输出完整列表
	list1[0]　　　　　　　 # 输出列表的第一个元素
	list1[1:3]　　　　　　 # 输出第二个至第三个元素
	list1[2:]　　　　　　　# 输出从第三个开始至列表末尾的所有元素
	list1 * 2　　　　　　　# 输出列表两次
	list1 + list1[2:4]　　 # 打印组合的列表
Out	[]
	['Python', 786, 2.23, 'R', 70.2]
	'Python'
	[786, 2.23]
	[2.23, 'R', 70.2]
	['Python', 786, 2.23, 'R', 70.2, 'Python', 786, 2.23, 'R', 70.2]
	['Python', 786, 2.23, 'R', 70.2, 2.23, 'R']
In	X=[1,3,6,4,9]; X
	sex=['女','男','男','女','男']; sex
	weight=[67,66,83,68,70]; weight
Out	[1, 3, 6, 4, 9]
	['女', '男', '男', '女', '男']
	[67, 66, 83, 68, 70]

（2）Tuple（元组）

元组是另一种数据类型，类似于 List（列表）。元组用"（）"标识，内部元素用逗号隔开。元组不能赋值，相当于只读列表。操作类似列表。

（3）Dictionary（字典）

字典也是一种数据类型，且可存储任意类型对象。字典的每个键值对用冒号“:”分隔，每个键值对之间用逗号“,”分隔，整个字典包括在花括号{}中，格式如下：

```
dict= {key1 : value1, key2 : value2 }
```

键必须是唯一的，但值则不必，值可以取任何数据类型，如字符串、数字或元组。

字典是除列表以外 Python 中最灵活的内置数据类型。列表是有序的对象集合，字典是无序的对象集合。两者之间的区别在于：字典中的元素是通过键来存取，而不是通过下标存取的。

In	{}	#空字典
	dict1={'name':'john','code':6734,'dept':'sales'};dict1	#定义字典
	dict1['code']	#输出键为'code'值
	dict1.keys()	#输出所有键
	dict1.values()	#输出所有值
Out	{}	
	{'name': 'john', 'code': 6734, 'dept': 'sales'}	
	6734	
	dict_keys(['name', 'code', 'dept'])	
	dict_values(['john', 6734, 'sales'])	
In	dict2={'sex': sex,'weight':weight}; dict2	#根据列表构成字典
Out	{'sex': ['女', '男', '男', '女', '男'], 'weight': [67, 66, 83, 68, 70]}	

习题 1

一、选择题

1. 下面的_____软件能进行数据分析。

    A．R   B．SAS   C．SPSS   D．Python

2. Python 能成为最大且最流行的数据分析软件的特点是_____。

    A．简单、易学   B．面向对象

    C．包含大量的库   D．具有二次开发功能

3. 下面属于 Jupyter 的优点是_____。

    A．支持多语言   B．分享便捷   C．远程运行   D．交互式展现

4. 在 Python 中，获得当前工作目录的命令是_____。

    A．%pwd   B．%cd

    C．%pwd"D:\\DaPy1"   D．%cd"D:\\DaPy1"

5. 改变工作目录为 D:\\DaPy1 的命令是_____。

A. %pwd   B. %cd

C. %pwd"D:\\DaPy1"   D. %cd"D:\\DaPy1"

6. 在 Jupyter 环境中安装程序包 seaborn 的命令是_____。

    A. pip install seaborn   B. !pip install seaborn

    C. import seaborn   D. !import seaborn

7. 下面引用中 np 的含义是_____。

```
import numpy as np
```

    A. numpy 的约定别名，可更改   B. numpy 的别名，不可更改

    C. numpy 中的数据类型   D. numpy 中的一个子库

8. 如何调用 math 包中的 sqrt 函数？_____

    A. from math import sqrt   B. from math in sqrt

    C. import sqrt from math   D. in sqrt from math

9. {1,2,3,5,7,11,13} 的数据类型是_____。

    A. list   B. tuple   C. Series   D. dictionary

二、计算题

1. 下面有三组数据：

```
1, 2, 3, 4, 5
a, b, c, d
physics, chemistry, 1997, 2000
```

(1)将其写入列表。

(2)将其写入字典。

2. 文本数据。下面有一些文本数据：

```
name,physics,Python,math,english
Google,100,100,25,12
Facebook,45,54,44,88
Twitter,54,76,13,91
Yahoo,54,452,26,100
```

(1)请将其写入列表。

(2)请将其写入字典。

第 2 章 数据的收集与整理

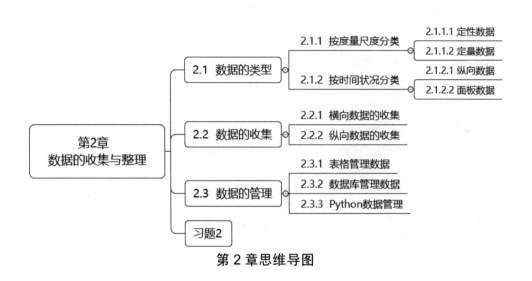

第 2 章思维导图

2.1 数据的类型

数据分析的首要任务是掌握数据的类型。

数据是采用某种计量尺度对事物进行计量的结果。采用不同的计量尺度会得到不同类型的数据，通常按数据的收集途径将数据进行如下分类。

2.1.1 按度量尺度分类

按度量尺度，数据可分为定性数据和定量数据。

2.1.1.1 定性数据

定性数据，也称计数数据，是对事物进行分类的结果，表现为类别，用文字或字符及数字来表述，如性别、区域、产品分类等。假如某班 15 个学生按性别分为男、女两类，那么性别数据就构成一个定性数据的列表。

性别：女，男，男，女，男，男，女，男，女，男，女，男，女，女，男

In	性别=['女','男','男','女','男','男','女','男','女','男','女','男','女','女','男']; 性别
Out	['女', '男', '男', '女', '男', '男', '女', '男', '女', '男', '女', '男', '女', '女', '男']

具体数据见 2.2.1 节例 2.1 调查数据。

2.1.1.2 定量数据

定量数据，也称计量数据，是对度量事物进行精确测度的结果，表现为具体的数值，如身高、体重、家庭收入、成绩等，假如测量某班 15 个学生的体重，那么体重数据就构成一个定量数据的列表。

体重:67,66,83,68,70,90,70,58,63,72,65,76,71,66,77

In	体重=[67,66,83,68,70,90,70,58,63,72,65,76,71,66,65,77]; 体重
Out	[67, 66, 83, 68, 70, 90, 70, 58, 63, 72, 65, 76, 71, 66, 65, 77]

具体数据见 2.2.1 节例 2.1 调查数据。

2.1.2　按时间状况分类

时间数据为动态数列(也称时间序列数据，time series data)，是按照一定的时间间隔对某一变量在不同时间的取值进行观测得到的一组数据。

2.1.2.1　纵向数据

纵向数据指在不同时间收集到的数据，描述现象随时间变化的情况。

比如，2001—2015 年各季度我国各地区国内生产总值(简称 GDP，单位：万亿元)数据便形成时间序列数据。

下面是 GDP 的季度数据：

```
季度  2001Q1 2001Q2 2001Q3 2001Q4 ⋯ 2015Q1 2015Q2 2015Q3 2015Q4
GDP    2.330  2.565  2.687  3.384  ⋯ 14.067 17.351 17.316 18.937
```

下面是 GDP 的年度数据：

```
年份  2001   2002   2003   2004  ⋯  2012   2013   2014   2015
GDP  10.966 12.033 13.582 15.988 ⋯ 51.947 58.802 63.646 67.671
```

具体见 2.2.2 节的季度和年度数据及例 2.3 的日期数据。

2.1.2.2　面板数据

面板数据指在纵向数据的基础上增加横向数据，可以看作纵向数据和横向数据的结合，比如，2001—2015 年我国各地区国内生产总值数据即面板数据。这类数据的表达有其特殊性，限于篇幅，本书不做介绍。

2.2　数据的收集

数据收集有一定的格式，当对一个观察指标测量每一观察单位的数据时，这些数据通常以向量的形式展现，如 x：x_1，x_2，$\cdots$，x_n。

当对每一观察单位测量多个指标时，这些指标数据通常以双向表的矩阵形式展现，即

$$X: \ X_1, \ X_2, \ \cdots, \ X_m$$

这里 $X_j (j=1, 2, \cdots, m)$ 为 $n \times 1$ 向量，$X = (x_{ij})_{n \times m}$，如表 2-1 所示。

表 2-1　关系型数据库的结构化数据

id	X_1	X_2	...	X_m
1	x_{11}	x_{12}	...	x_{1m}
2	x_{21}	x_{22}	...	x_{2m}
⋮	⋮	⋮	⋮	⋮
n	x_{n1}	x_{n2}	...	x_{nm}

不同领域对该类数据的观察单位和指标的叫法不同：数学上称它们为行(row)和列(column)的数组或矩阵；统计学上称它们为观测(observation)和变量(variable)的数据集；数据库中称它们为记录(record)和字段(field)的数据表；人工智能中称它们为示例(example)和属性(attribute)的数据集。

为便于大家将注意力集中在如何进行数据分析，而不是将精力花在对数据的收集和输入上，本书采用一种新的数据分析策略，即通篇使用几组数据讲解如何进行数据分析。

2.2.1　横向数据的收集

这类数据通常是一个个单独的数据变量，都可单独拿来进行数据分析。

【例 2.1　调查数据】

某高校想给其研究生开设一门有关数据分析方面的通识课程，该校 2015 年共有研究生 2600 名，现按 2% 的比例随机抽取 52 名学生进行问卷调查，为了收集这些学生的信息，我们设计了一个简单调查表，其中前 4 项指标是为进一步数据分析辅助用的。共调查了 52 个学生的 8 项指标：学生编号(按年份、学院、专业、序号排列，简记为【学号】)；学生性别(定性变量，简记为【性别】)；学生身高(定量变量，单位为 cm，简记为【身高】)；学生体重(定量变量，单位为 kg，简记为【体重】)和学生个人年消费支出额(单位为千元，简记为【支出】)；开设课程的必要性(简记为【开设】)；是否学过相关课程(定性变量，简记为【课程】)；学过或用过何种数据分析相关软件(定性变量，简记为【软件】)。

> 研究生【数据分析】开课信息调查表
>
> 【学号】1510111001，......
>
> 【性别】男，女
>
> 【身高】165
>
> 【体重】67
>
> 【支出】7.5
>
> 【开设】有必要，不必要，不清楚
>
> 【课程】编程技术，概率统计，统计方法，都学习过，都未学过
>
> 【软件】SAS，SPSS，Matlab，R，Excel，Python，No

数据由一些变量和它们的观测值所组成。本例共有 8 个变量：学号(定性或定量变量)，开设、课程、软件、性别(定性变量)，身高、体重、支出(定量变量)。

为了充分体现现代问卷调查的能力，我们使用问卷星设计网络化调查问卷，登录问卷星(https://www.wjx.cn/)网站即可快速设计。

【数据分析】开课调查表

* 1. 学号

|
‾‾

* 2. 性别

○ 男   ○ 女
‾‾

* 3. 身高（cm）（从100到200）

‾‾

* 4. 体重（kg）（从40到100）

‾‾

* 5. 支出（千元）（最大值500）

‾‾

* 6. 数据分析开设情况

○ 有必要   ○ 不必要   ○ 不清楚
‾‾

* 7. 课程学习情况 [多选题]

☐ 编程技术   ☐ 概率统计   ☐ 统计方法
☐ 都学习过   ☐ 都未学过

* 8. 数据分析软件 [多选题]

☐ Excel   ☐ SPSS   ☐ SAS
☐ R   ☐ Python   ☐ No

表 2-2 所示是 52 名研究生开课信息的调查数据，按照这个数据的格式，每列为一个指标的不同观测值(变量)；而每行则称为一个观测单位(样品)，它是由定量值和定性值组成的向量，每个值相应于一个变量。于是就构成了表 2-2 所示的数据集，该数据保存在 DaPy_data.xlsx 文档的基本数据【BSdata】表单中。有时为了方便编程运算，也可将变量名改成英文或拼音格式。

表 2-2 52 名研究生开课信息调查数据

学号	性别	身高	体重	支出	开设	课程	软件
1510248008	女	167	71	46.0	不清楚	都未学过	No
1510229019	男	171	68	10.4	有必要	概率统计	Matlab
1512108019	女	175	73	21.0	有必要	统计方法	SPSS
1512332010	男	169	74	4.9	有必要	编程技术	Excel
1512331015	男	154	55	25.9	有必要	都学习过	Python
1516248014	男	183	76	85.6	不必要	编程技术	Excel
1516352030	女	169	71	9.1	有必要	编程技术	Excel
...	...	...	...	...	...	...	...
1520395019	男	173	63	22.8	有必要	统计方法	R
1538399025	男	169	65	9.5	有必要	统计方法	SAS
1438120022	男	166	70	35.6	有必要	统计方法	R
1538319004	男	175	68	44.4	不清楚	统计方法	SAS
1538254010	女	166	65	5.3	不清楚	编程技术	Python
1540294017	女	159	58	71.4	不清楚	都学习过	SPSS
1540365026	女	169	73	5.5	有必要	统计方法	Excel
1540388036	女	165	67	56.8	不必要	概率统计	SAS

2.2.2 纵向数据的收集

纵向数据是一类比较特殊的数据，这类数据也称为序列数据，它对数据的格式有一定要求，特别是时间序列数据，须注意时间序列数据的输入格式。

【例 2.2 季度数据：经济数据】

年度数据有时太过宏观，须研究季度或月度数据，以了解不同季度或月度 GDP 的变化情况。现从国家统计局网站(http://data.stats.gov.cn/)收集到 2001—2015 年每个季度的 GDP 数据，形成一个时间序列数据集，共 15 年、60 个数据，该数据存放在 DaPy_data.xlsx 文档的横向表【YQdata】或纵向表【QTdata】中。2001—2015 年我国国内生产总值的季度数据如表 2-3 所示。

表 2-3 2001—2015 年我国国内生产总值的季度数据

Year	Q1	Q2	Q3	Q4
2001	2.330	2.565	2.687	3.384
2002	2.536	2.797	2.972	3.728
2003	2.886	3.101	3.346	4.249
2004	3.342	3.699	3.956	4.991
2005	3.912	4.280	4.474	5.828
2006	4.532	5.011	5.191	6.897
2007	5.476	6.124	6.410	8.571
2008	6.628	7.419	7.655	9.702
2009	6.982	7.839	8.310	10.96
2010	8.250	9.238	9.729	12.934

Year	Q1	Q2	Q3	Q4
2011	9.748	10.901	11.586	15.076
2012	10.837	11.963	12.574	16.573
2013	11.886	12.916	13.908	20.092
2014	12.821	14.083	15.086	21.656
2015	14.067	17.351	17.316	18.937

【例2.3　日期数据：股票数据】

今从证券网站(这类网站很多)收集到 2005—2017 年苏宁易购(股票代码为 002024)每个交易日的股票基本数据(包括开盘价(Open)、最高价(High)、最低价(Low)、收盘价(Close)、成交量(Volume)及调整收盘价(Adjusted)),这是一种典型的日期时间序列数据集,共 13 年、3180 组数据,该数据存放在 DaPy_data.xlsx 文档的股票数据【Stock】表中。苏宁电器日交易数据如表 2-4 所示。

表 2-4　苏宁电器日交易数据

Date	Open	High	Low	Close	Volume	Adjusted
2005-1-3	0.702	0.717	0.702	0.712	0	0.618
2005-1-4	0.709	0.721	0.694	0.695	10958717	0.603
2005-1-5	0.695	0.708	0.695	0.705	6165072	0.611
2005-1-6	0.702	0.706	0.696	0.696	9845971	0.604
2005-1-7	0.695	0.709	0.694	0.702	13667162	0.608
...	...	...	...	...	...	...
2017-12-25	12.73	12.74	12.25	12.38	65681626	12.38
2017-12-26	12.46	12.54	12.37	12.52	30913299	12.52
2017-12-27	12.54	12.57	12.1	12.18	53813380	12.18
2017-12-28	12.2	12.28	12.06	12.18	33692919	12.18
2017-12-29	12.18	12.33	12.14	12.29	25372331	12.29

进一步还可以收集股票指数的时数据、分数据、秒数据、毫秒数据和微秒数据,这类数据就形成了高频数据,是一种大数据,限于篇幅,本书将不涉及。

无论如何,上述数据都是一些结构化数据,随着大数据时代的来临,出现了大量的非结构化数据,这些数据不只是由数字构成的数据库,还包括大量的文字、图像、影像和视频数据,关于这类数据,限于篇幅,将不做介绍。

2.3　数据的管理

数据管理是利用计算机硬件和软件技术对数据进行有效的收集、存储、处理和应用的过程。对于一般的数据分析而言,电子表格软件足以胜任分析所需要的数据管理工作。

最常用的电子表格软件有微软 Office 的 Excel 表格软件(收费)和金山 Office 的 WPS 表格软件(免费)。

2.3.1 表格管理数据

如果仅做一般数据管理,数据量不是特别大,而且要求系统免费、跨平台,那么首选的数据管理软件应该是 WPS(WPS 是与 Excel 兼容度最高的电子表格软件,且 WPS 是免费的,建议使用)。下面是采用 WPS 对前面的数据管理的界面。

数据保存在 DaPy_data.xlsx 文档中,可输入网址 gitee.com/Py-R/DaPy 下载该数据。

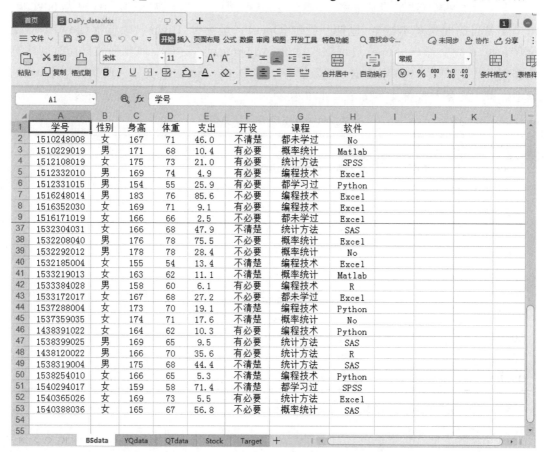

2.3.2 数据库管理数据

当分析的数据量很大时,采用电子表格类软件有很大问题,须采用数据库来管理数据表格,Python 自带的 sqlite 数据库是使用最方便的程序包,详见相关文献。

2.3.3 Python 数据管理

需要说明的是,Python 目前最大的问题是数据管理,因为 Python 没有好用的数据管理器,其自带的数据管理器很不方便,所以,要用好 Python 进行数据分析,就得将 Python

与 Excel 等电子表格充分结合，发挥两者的优点，这样就可以事半功倍。这也是本书提出用"电子表格+Python"模式进行数据统计分析的原因。当然，对大数据而言，Python 有各种包供大家使用。

习题 2

一、选择题

1. 数据按度量尺度可分为＿＿＿＿＿＿。

    A．定性数据　　　B．定量数据　　　　　C．动态数列　　　D．面板数据

2. 下列指标为定性变量的是＿＿＿＿＿＿。

    A．性别　　　　　B．区域　　　　　　　C．体重　　　　　D．身高

3. 下列指标为定量变量的是＿＿＿＿＿＿。

    A．性别　　　　　B．体重　　　　　　　C．成绩　　　　　D．产品分类

4. 不同领域对数据的观测单位和指标的叫法不同，数学上称为行和列，统计学上称为＿＿＿＿＿＿。

    A．行和列　　　　B．记录和字段　　　　C．示例和属性　　D．观测和变量

5. 数据按时间状况可分为＿＿＿＿＿＿。

    A．定性数据　　　B．定量数据　　　　　C．动态数列　　　D．截面数据

二、分析题

将下面的数据统一放入一个 Excel 或 WPS 电子表格中，每个表单放一组，并将文档命名为 mydata1.xlsx，以备后用。

1. 某厂对 50 个计件工人某月份的工资进行登记，获得以下原始资料（单位：元）。

    1465，1405，1355，1225，1000，1760，1755，1710，1605，1535，

    1985，1965，1910，1845，1810，2270，2240，2190，2040，2010，

    2980，2820，2600，2430，2290，1375，1295，1265，1175，1125，

    1735，1645，1625，1595，1575，1940，1880，1865，1835，1815，

    2220，2110，2095，2030，2030，2670，2550，2520，2370，2320，

    试将这组数据输入电子表格 mydata1.xlsx 的表单 Sheet1 中。

2. 一份调查学生抽烟与每天学习时间关系的问卷，具体数据见下表。

部分学生抽烟与每天学习时间调查表

编号	是否抽烟	每天学习时间
1	是	少于 5 小时
2	否	5～10 小时
3	否	5～10 小时

编号	是否抽烟	每天学习时间
4	是	超过 10 小时
5	否	超过 10 小时
6	是	少于 5 小时
7	是	5～10 小时
8	是	少于 5 小时
9	否	超过 10 小时
10	是	5～10 小时

试将这组数据输入电子表格 mydata1.xlsx 的表单 Sheet2 中。

3. 从某大学统计系学生中随机抽取 24 人，对数学和统计学的考试成绩进行调查。

编号	性别	数学	统计学	编号	性别	数学	统计学
1	M	81	72	13	F	83	78
2	F	90	90	14	F	81	94
3	F	91	96	15	M	77	73
4	M	74	68	16	M	60	66
5	F	70	82	17	F	66	58
6	F	73	78	18	M	84	87
7	M	88	89	19	F	80	86
8	M	78	82	20	F	85	84
9	M	95	96	21	M	70	82
10	F	63	75	22	M	54	56
11	F	85	86	23	F	93	98
12	M	60	71	24	M	68	76

试将这组数据输入电子表格 mydata1.xlsx 的表单 Sheet3 中。

第 3 章　Python 数据分析编程基础

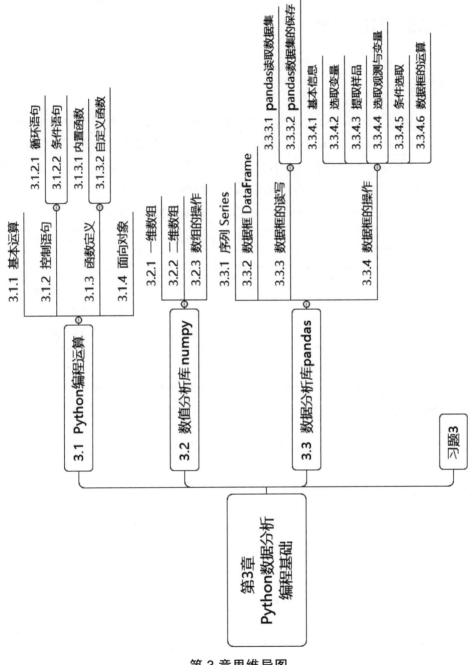

第 3 章思维导图

网上有大量的 Python 编程基础知识介绍，如

```
http://www.runoob.com/Python/Python-dictionary.html
```

请大家自行学习。由于本书重点为介绍 Python 的数据分析，所以对 Python 编程的基础知识将不展开讨论。

3.1 Python 编程运算

3.1.1 基本运算

与 Basic、VB、C、C++和 Java 等一样，Python 具有编程功能，但 Python 是新时期的编程语言，具有面向对象的功能，同时 Python 还是面向函数的语言。既然 Python 是一种编程语言，它就具有常规语言的算术运算符和逻辑运算符(见表 3-1)，以及控制语句、自定义函数等功能。下面对 Python 的编程特点做简单介绍。

表 3-1　Python 中常用的算术运算符和逻辑运算符

算术运算符	含　义	逻辑运算符	含　义
+	加	<(<=)	小于(小于等于)
−	减	>(>=)	大于(大于等于)
*	乘	==	等于
/	除	!=	不等于
**	幂	not x	非 x
%	取模	or	或
//	整除	and	与

3.1.2 控制语句

编程离不开对程序的控制，下面介绍几个最常用的控制语句，其他控制语句见 Python 手册。

3.1.2.1 循环语句

Python 的 for 循环可以遍历任何序列的项目，如一个列表或一个字符串。for 循环允许循环使用向量或数列的每个值，在编程中非常有用。

for 循环的语法格式如下：

```
for iterating_var in sequence:
    statements(s)
```

Python 的 for 循环功能比其他语言更为强大，例如：

In	for i in range(1,5)：　　#range(1,n)表示 1 到 n−1 的列表
	print(i)

Out	1
	2
	3
	4
In	fruits = ['banana', 'apple', 'mango']
	for fruit in fruits:
	print('当前水果:', fruit)
Out	当前水果: banana
	当前水果: apple
	当前水果: mango

下面是 for 循环的简洁写法,输出结果仍为列表,非常有用。

In	[i for i in range(1,5)]　#循环的简洁写法
Out	[1, 2, 3, 4]

3.1.2.2　条件语句

if/else 语句是分支语句中的主要语句,其格式如下:

In	a = −100
	if a < 100:
	print("数值小于 100")
	else:
	print("数值大于 100")
Out	数值小于 100

Python 中有更简洁的形式来表达 if/else 语句。

In	−a if a<0 else a　　#if/else 的简洁语法
Out	100

注意:在循环和条件等语句及下面的函数中要输出结果,须用 print 命令,这时只用变量名等对象是无法显示结果的。

3.1.3　函数定义

3.1.3.1　内置函数

在较复杂的计算问题中,有时一个任务可能需要重复多次,这时不妨自定义函数,这么做的好处是,函数内的变量是局部的,即函数运行结束后它们不再保存到当前的工作空间,这就可以避免许多不必要的混淆和内存空间的占用。

要学好 Python 数据分析,就必须掌握 Python 中的函数及其定义方法。表 3-2 所示是 Python 中常用的数学函数和数组函数。

表 3-2　Python 中常用的数学函数和数组函数

math 包的数学函数	含义（针对数值 x）	numpy 包的数学函数	含义（针对数组 X）
abs(x)	数值的绝对值	len(X)	数组中元素个数
sqrt(x)	数值的平方根	sum(X)	数组中元素求和
log(x)	数值的对数	prod(X)	数组中元素求积
exp(x)	数值的指数	min(X)	数组中元素最小值
round(x,n)	有效位数 n	max(X)	数组中元素最大值
sin(x),cos(x),⋯	三角函数	sort(X)	数组中元素排序
		rank(X)	数组中元素秩次

Python 与其他统计软件最大的区别之一是，可以随时随地自定义函数，而且可以像使用 Python 的内置函数一样使用自定义函数。

3.1.3.2　自定义函数

不同于 SAS、SPSS 等基于过程的统计软件，Python 进行数据分析是基于函数和面向对象进行的，所有 Python 的命令都是以函数形式出现的。由于 Python 是开源的，故所有函数使用者都可以查看其源代码，而且所有人都可以随时定义自己的数据分析函数。下面简单介绍 Python 的函数定义方法。定义函数的句法：

```
def 函数名(参数 1, 参数 2, ⋯):
    函数体
    return
```

函数名可以是任意字符，但之前定义过的要小心使用，后定义的函数会覆盖先定义的函数。

注意：如果函数只用来计算，不需要返回结果，则可用 print 函数，这时只用变量名是无法显示结果的。

一旦定义了函数名，就可以像 Python 的其他函数一样使用，比如，要定义一个用来求一组数据均值的函数，可以用与 C、C++、VB 等语言相同的方式定义，但方便得多。

例如，自定义计算向量 $X=(x_1, x_2, \cdots, x_n)$ 均值的函数 $\bar{x} = \dfrac{\sum_{i=1}^{n} x_i}{n}$，代码如下：

In	def xbar(x):
	n=len(x)
	S=sum([i for i in x])
	xbar=S/n
	return(xbar)
In	X=[1,3,6,4,9,7,5,8,2]; X
	xbar(X)
Out	5.0

注意，上述函数中的 x 称为形参(形式参数)，而 X 称为实参(实际参数)。

当然，Python 已内置求列表和数组的函数，可直接使用，如下。其他统计函数计算见第 4 章。

In	import numpy as np np.mean(X)
Out	5.0

要了解任何一个 Python 函数，使用 help() 函数即可，例如，命令 help(sum) 或?sum将显示 sum 函数的使用帮助。

3.1.4　面向对象

Python 是一种面向对象的语言(一般使用者可暂不了解)。

前面介绍的 Python 基本数据类型和标准类型都是 Python 的数据对象，各种 Python函数也是对象。由于 Python 函数的许多计算结果都放在对象中，这使得 Python 的结果通常比 SAS、SPSS 和 Stata 等数据分析软件的结果简洁，需要时才调用，这为进一步分析提供了方便。

下面通过编写一个函数的过程来简单介绍 Python 面向对象函数的编写技术。

例如，计算向量 $X=(x_1, x_2, \cdots, x_n)$ 的离均差平方和函数

$$SS = \sum_{i=1}^{n} (x_i - \overline{x})^2 = \sum_{i=1}^{n} x_i^2 - \left(\sum_{i=1}^{n} x_i \right)^2 \Big/ n$$

有了离均差平方和函数，就可做许多统计计算，如计算方差、标准差，进行方差分析和相关与回归分析等。

| In | ```
def SS1(x):                    #计算离均差平方和函数
    n=len(x)
    S1=sum([i for i in x])     #计算列表的和
    S2x=sum([i*i for i in x])  #计算列表的平方和
    Sx2=sum([i for i in x])**2 #计算列表和的平方
    SS=S2x–Sx2/n
    return(SS)
``` |
|----|------|
| In | X=[1,3,6,4,9,7,5,8,2];
SS1(X) |
| Out | 60.0 |

Python 一次可以返回多个数据对象，比如，可返回数据的均值、平方和、离均差平方和、方差、标准差，但一般要用到列表类型。这里的列表类型是比数据框更高级的数据对象，相当于非结构化数据类型，有了列表类型，也为大数据分析提供了便利，其原因是大数据中很多数据都呈非结构化特点。下面简单介绍 Python 列表类型的用法，初学者可暂不学习。
```

In	def SS2(x):	#返回多个值函数
	n=len(x)	
	S1=sum([i for i in x])	#计算列表的和
	xbar=S1/n	
	S2x=sum([i*i for i in x])	#计算列表的平方和
	Sx2=sum([i for i in x])**2	#计算列表和的平方
	SS=S2x−Sx2/n	
	return[n,S1,xbar,S2x,Sx2,SS]	
	#返回例数、均值、平方和、和的平方、离均差平方和的列表	
In	SS2(X)	
Out	[9, 285, 2025, 60.0]	

如果一个数据对象需要包含不同类型的数据对象，可以采用列表的形式。

列表中对象的成分访问方式与变量和数据基本一样，可以用下标获取，但不完全一样，在此不详述。

In	SS2(X)[0] #取第 1 个对象
	SS2(X)[1] #取第 2 个对象
	SS2(X)[2] #取第 3 个对象
	SS2(X)[3] #取第 4 个对象
	SS2(X)[4] #取第 5 个对象
	SS2(X)[5] #取第 6 个对象
Out	9
	45
	5.0
	285
	2025
	60.0

可以使用 type 函数来查看数据或对象的类型。

In	type(SS2(X))
Out	list
In	type(SS2(X)[3])
Out	float

3.2 数值分析库 numpy

numpy 是使用 Python 进行科学计算的基础软件包，具有 MATLAB 和 R 的大多数数值运算功能。除常用的向量和矩阵运算外，还包括

- 功能强大的多维数组对象
- 精密广播功能函数(简化数组的循环)

- 集成 C/C+和 Fortran 代码的工具
- 强大的线性代数、傅里叶变换和随机数功能

在使用 numpy 库前，须加载其到内存中，语句为 import numpy，通常将其简化为

```
import numpy as np
```

3.2.1 一维数组

一维数组即我们常说的向量。

In	import numpy as np	#加载数组包
	np.array ([1,2,3,4,5])	#一维数组
Out	array ([1, 2, 3, 4, 5])	
In	np.array ([1,2,3,np.nan,5])	#包含缺失值的数组
Out	array ([1., 2., 3., nan, 5.])	
In	np.arange (9)	#数组序列
	np.arange (1,9,0.5)	#等差数列
	np.linspace (1,9,5)	#等距数列
Out	array ([0, 1, 2, 3, 4, 5, 6, 7, 8])	
	array ([1.,1.5,2.,2.5,3.,3.5,4.,4.5,5.,5.5,6.,6.5,7.,7.5,8.,8.5])	
	array ([1., 3., 5., 7., 9.])	

3.2.2 二维数组

二维数组即我们常说的矩阵，但数组可以推广到多维情形。

In	np.array ([[1,2],[3,4],[5,6]])	#二维数组

Out	array ([[1, 2],
	        [3, 4],
	        [5, 6]])	

In	A=np.arange (9) .reshape ((3,3)) ;A	#形成 3×3 矩阵

Out	array ([[0, 1, 2],
	        [3, 4, 5],
	        [6, 7, 8]])	

3.2.3 数组的操作

(1) 数组的维度

In	A.shape	
Out	(3, 3)	#元组类型

(2) 对角阵

In	np.diag (A)	#对角阵
Out	array ([0, 4, 8])	

(3) 零数组

In	np.zeros((3,3)) #零矩阵
Out	array([[0.,　0.,　0.], [0.,　0.,　0.], [0.,　0.,　0.]])

(4) 1 数组

In	np.ones((3,3)) #1 矩阵
Out	array([[1.,　1.,　1.], [1.,　1.,　1.], [1.,　1.,　1.]])

(5) 单位阵

In	np.eye(3) #单位阵
Out	array([[1.,　0.,　0.], [0.,　1.,　0.], [0.,　0.,　1.]])

3.3　数据分析库 pandas

在数据分析中，数据通常以向量或变量(一维数组，Python 中用序列表示)和矩阵(二维数组，Python 中用数据框表示)的形式出现，下面结合 Python 介绍 pandas 的基本数据操作，详见 https://pandas.pydata.org/pandas-docs/stable/user_guide/index.html#user-guide。

注意：在 Python 编程中，变量通常以列表(一组数据)形式出现，而不是一般编程语言的标量(一个数据)。

3.3.1　序列 Series

(1) 创建序列(向量、一维数组)

假如要创建一个含有 n 个数值的向量 $X=(x_1,x_2,\cdots,x_n)$，Python 中可由列表创建序列，这些列表可以数字的，也可以是字符串的，还可以是混合的。

特别说明：Python 中显示数据或对象内容直接用其名称，见下。

(2) 生成序列

In	import pandas as pd #加载数据分析包 pd.Series() #生成空序列
Out	Series([], dtype: float64)

(3) 根据列表构建序列

In	X=[1,3,6,4,9];

	weight=[67,66,83,68,70]; sex=['女','男','男','女','男']; S1=pd.Series(X);S1 S2=pd.Series(weight);S2 S3=pd.Series(sex);S3
Out	0 1 1 3 2 6 3 4 4 9 dtype: int64 0 67 1 66 2 83 3 68 4 70 dtype: int64 0 女 1 男 2 男 3 女 4 男 dtype: object

(4) 序列合并

In	pd.concat([S2,S3],axis=0) #按行合并序列
Out	0 67 1 66 2 83 3 68 4 70 0 女 1 男 2 男 3 女 4 男
In	pd.concat([S2,S3],axis=1) #按列合并序列
Out	0 1 0 67 女 1 66 男 2 83 男 3 68 女 4 70 男

（5）序列切片

In	S1[2]
	S3[1:4]
Out	6
	1　　　男
	2　　　男
	3　　　女

3.3.2　数据框 DataFrame

pandas 中用函数 DataFrame()生成数据框。DataFrame()命令可用序列构成一个数据框，如下面的 df1 和 df2。数据框相当于关系数据库中的结构化数据类型，传统的数据大都以结构化数据存储于关系数据库中，因而传统的数据分析是以数据框为基础的。Python 中的数据分析大都是基于数据框进行的，所以本书的分析也是以数据框形式的数据分析为主，向量和矩阵都可以看成数据框的一个特例。

（1）生成数据框

In	pd.DataFrame()　　　　　　#生成空数据框
Out	−

（2）根据列表创建数据框

In	pd.DataFrame(X)
Out	0
	0　　1
	1　　3
	2　　6
	3　　4
	4　　9
	pd.DataFrame(weight,columns=['weight'], index=['A','B','C','D','E'])
	weight
	A　　67
	B　　66
	C　　83
	D　　68
	E　　70

（3）根据字典创建数据框

In	df1=pd.DataFrame({'S1':S1,'S2':S2,'S3':S3}); df1
Out	S1　S2　S3
	0　1.0　67　女

	1	3.0	66	男
	2	6.0	83	男
	3	4.0	68	女
	4	9.0	70	男

In	df2=pd.DataFrame({'sex':sex,'weight':weight},index=X);df2
Out	sex weight
	1 女 67
	3 男 66
	6 男 83
	4 女 68
	9 男 70

（4）增加数据框列

In	df2['weight2']=df2['weight']**2; df2 #生成新列
Out	sex weight weight2
	1 女 67 4489
	3 男 66 4356
	6 男 83 6889
	4 女 68 4624
	9 男 70 4900

（5）删除数据框列

In	del df2['weight2']; df2 #删除数据列
Out	sex weight
	1 女 67
	3 男 66
	6 男 83
	4 女 68
	9 男 70

（6）缺失值处理

In	df3=pd.DataFrame({'S2':S2,'S3':S3},index=S1);df3
Out	S2 S3
	1 66.0 男
	3 68.0 女
	6 NaN NaN
	4 70.0 男
	9 NaN NaN
In	df3.isnull() #若是缺失值则返回 True，否则返回 False
Out	S2 S3
	1 False False

	3	False	False
	6	True	True
	4	False	False
	9	True	True
In	df3.isnull().sum()		#返回每列包含的缺失值的个数
Out	S2　　2		
	S3　　2		
In	df3.dropna()		#直接删除含有缺失值的行，多变量谨慎使用
Out	S2　　S3		
	1　66.0　男		
	3　68.0　女		
	4　70.0　男		

(7) 数据框排序

In	df3.sort_index()		#按 index 排序
Out	S2　　S3		
	1　66.0　男		
	3　68.0　女		
	4　70.0　男		
	6　NaN　NaN		
	9　NaN　NaN		
In	df3.sort_values(by='S3')		#按 S3 列值排序
Out	S2　　S3		
	3　68.0　女		
	1　66.0　男		
	4　70.0　男		
	6　NaN　NaN		
	9　NaN　NaN		

3.3.3　数据框的读写

3.3.3.1　pandas 读取数据集

大量的数据常常是从外部文件读入，而不是在 Python 中直接输入的。外部的数据源有很多，可以是电子表格、数据库、文本文件等形式。Python 的导入工具非常简单，但是对导入文件有一些比较严格的限制。

前面我们讲到，电子表格是目前进行数据管理和编辑最为方便的工具，所以可以考虑用电子表格管理数据，用 Python 分析数据(适用于全书)，电子表格与 Python 之间的数据交换过程非常简单。

本书使用的是 pandas 包读取数据的方式，须事先调用 pandas 包，即

```
import pandas as pd
```

（1）从剪切板上读取

先在 DaPy_data.xls 数据文件的【Bsdata】表中选取 A1:H5，复制，然后在 Python 中读取数据。使用剪切板命令（clipboard）可复制任何数据。

In	import pandas as pd Bsdata=pd.read_clipboard()；　#从剪切板上复制数据 Bsdata
Out	<table><tr><td></td><td>学号</td><td>性别</td><td>身高</td><td>体重</td><td>支出</td><td>开设</td><td>课程</td><td>软件</td></tr><tr><td>0</td><td>1510248008</td><td>女</td><td>167</td><td>71</td><td>46.0</td><td>不清楚</td><td>都未学过</td><td>No</td></tr><tr><td>1</td><td>1510229019</td><td>男</td><td>171</td><td>68</td><td>10.4</td><td>有必要</td><td>概率统计</td><td>Matlab</td></tr><tr><td>2</td><td>1512108019</td><td>女</td><td>175</td><td>73</td><td>21.0</td><td>有必要</td><td>统计方法</td><td>SPSS</td></tr><tr><td>3</td><td>1512332010</td><td>男</td><td>169</td><td>74</td><td>4.9</td><td>有必要</td><td>编程技术</td><td>Excel</td></tr><tr><td>4</td><td>1512331015</td><td>男</td><td>154</td><td>55</td><td>25.9</td><td>有必要</td><td>都学习过</td><td>Python</td></tr></table>

这里，Bsdata 为读入 Python 中的数据框名，clipboard 为剪切板。

（2）读取 csv 格式数据

虽然 Python 可以直接复制表格数据，但也可读取电子表格工作簿中的一个表格（例如，在 Excel 中将数据 DaPy_data.xlsx 的表单[Bsdata]另存为 DaPy_BS.csv，csv 格式数据本质上也是文本文件，是以逗号分隔的文本数据，既可用记事本打开，也可用电子表格软件打开，是最通用的数据格式），其读取命令也最为简单，如下所示。

In	Bsdata=pd.read_csv("DaPy_BS.csv",encoding='utf-8')　#有时需用 GBK 格式 Bsdata
Out	<table><tr><td></td><td>学号</td><td>性别</td><td>身高</td><td>体重</td><td>支出</td><td>开设</td><td>课程</td><td>软件</td></tr><tr><td>0</td><td>1510248008</td><td>女</td><td>167</td><td>71</td><td>46.0</td><td>不清楚</td><td>都未学过</td><td>No</td></tr><tr><td>1</td><td>1510229019</td><td>男</td><td>171</td><td>68</td><td>10.4</td><td>有必要</td><td>概率统计</td><td>Matlab</td></tr><tr><td>2</td><td>1512108019</td><td>女</td><td>175</td><td>73</td><td>21.0</td><td>有必要</td><td>统计方法</td><td>SPSS</td></tr><tr><td>3</td><td>1512332010</td><td>男</td><td>169</td><td>74</td><td>4.9</td><td>有必要</td><td>编程技术</td><td>Excel</td></tr><tr><td>4</td><td>1512331015</td><td>男</td><td>154</td><td>55</td><td>25.9</td><td>有必要</td><td>都学习过</td><td>Python</td></tr><tr><td>...</td><td></td><td></td><td></td><td></td><td></td><td></td><td></td><td></td></tr></table>

（3）读取 Excel 格式数据

使用 pandas 包中的 read_excel 可直接读取 Excel 文档中的任意表单数据，其读取命令也比较简单（建议使用），例如，要读取 DaPy_data.xlsx 表单的[Bsdata]，可用以下命令。

In	Bsdata=pd.read_excel('DaPy_data.xlsx','Bsdata')；Bsdata
Out	<table><tr><td></td><td>学号</td><td>性别</td><td>身高</td><td>体重</td><td>支出</td><td>开设</td><td>课程</td><td>软件</td></tr><tr><td>0</td><td>1510248008</td><td>女</td><td>167</td><td>71</td><td>46.0</td><td>不清楚</td><td>都未学过</td><td>No</td></tr><tr><td>1</td><td>1510229019</td><td>男</td><td>171</td><td>68</td><td>10.4</td><td>有必要</td><td>概率统计</td><td>Matlab</td></tr><tr><td>2</td><td>1512108019</td><td>女</td><td>175</td><td>73</td><td>21.0</td><td>有必要</td><td>统计方法</td><td>SPSS</td></tr><tr><td>3</td><td>1512332010</td><td>男</td><td>169</td><td>74</td><td>4.9</td><td>有必要</td><td>编程技术</td><td>Excel</td></tr><tr><td>4</td><td>1512331015</td><td>男</td><td>154</td><td>55</td><td>25.9</td><td>有必要</td><td>都学习过</td><td>Python</td></tr><tr><td>...</td><td></td><td></td><td></td><td></td><td></td><td></td><td></td><td></td></tr></table>

(4)读取其他统计软件的数据

要调用 SAS、SPSS、Stata 等统计软件的数据集，须先用相应的包，详见 Python 手册。

3.3.3.2　pandas 数据集的保存

Python 读取和保存数据集的最好方式是 csv 和 xlsx 文件格式，pandas 保存数据的命令也很简单，如下所示。

In	#将数据框 Bsdata 保存到 Bsdata.csv 中
	Bsdata.to_csv('Bsdata.csv')
In	#将数据框 Bsdata 保存到 Bsdata.xlsx 中
	Bsdata.to_excel('Bsdata.xlsx',index=False)　　#index=False 表示不保存行标签

3.3.4　数据框的操作

3.3.4.1　基本信息

(1)数据框显示

有三种显示数据框内容的函数，即 info(显示数据结构)、head(默认显示数据框前 5 行)、tail(默认显示数据框后 5 行)。

In	Bsdata.info()　　　　　#数据框信息
Out	<class 'pandas.core.frame.DataFrame'>
	RangeIndex: 52 entries, 0 to 51
	Data columns (total 8 columns):

```
 #   Column      Non-Null Count    Dtype
---  ------      --------------    -----
 0   学号         52 non-null       int64
 1   性别         52 non-null       object
 2   身高         52 non-null       int64
 3   体重         52 non-null       int64
 4   支出         52 non-null       float64
 5   开设         52 non-null       object
 6   课程         52 non-null       object
 7   软件         52 non-null       object
dtypes: float64(1), int64(3), object(4)
memory usage: 3.4+ KB
```

In	Bsdata.head()　　　　　　#显示前 5 行

	学号	性别	身高	体重	支出	开设	课程	软件
0	1510248008	女	167	71	46.0	不清楚	都未学过	No
1	1510229019	男	171	68	10.4	有必要	概率统计	Matlab
2	1512108019	女	175	73	21.0	有必要	统计方法	SPSS
3	1512332010	男	169	74	4.9	有必要	编程技术	Excel

4	1512331015	男	154	55	25.9	有必要	都学习过	Python

In	Bsdata.tail()	#显示后 5 行

Out		学号	性别	身高	体重	支出	开设	课程	软件
	47	1538319004	男	175	68	44.4	不清楚	统计方法	SAS
	48	1538254010	女	166	65	5.3	不清楚	编程技术	Python
	49	1540294017	女	159	58	71.4	不清楚	都学习过	SPSS
	50	1540365026	女	169	73	5.5	有必要	统计方法	Excel
	51	1540388036	女	165	67	56.8	不必要	概率统计	SAS

（2）数据框列名（变量名）

In	Bsdata.columns	#查看列名称
Out	Index(['学号', '性别', '身高', '体重', '支出', '开设', '课程', '软件'], dtype='object')	

（3）数据框行名（样品名）

In	Bsdata.index	#数据框行名
Out	RangeIndex(start=0, stop=52, step=1)	

（4）数据框维度

In	Bsdata.shape	#显示数据框的行数和列数
	Bsdata.shape[0]	#数据框行数
	Bsdata.shape[1]	#数据框列数
Out	(52, 8)	
	52	
	8	

（5）数据框值（数组）

In	Bsdata.values[:5]	#数据框值数组
Out	array([[1510248008, '女', 167, 71, 46.0, '不清楚', '都未学过', 'No'],	
	[1510229019, '男', 171, 68, 10.4, '有必要', '概率统计', 'Matlab'],	
	[1512108019, '女', 175, 73, 21.0, '有必要', '统计方法', 'SPSS'],	
	[1512332010, '男', 169, 74, 4.9, '有必要', '编程技术', 'Excel'],	
	[1512331015, '男', 154, 55, 25.9, '有必要', '都学习过', 'Python']], dtype=object)	

3.3.4.2 选取变量

选取数据框中变量的方法主要有以下几种。

（1）[' ']或"."法：这是 Python 中最直观的选取变量的方法，比如，要选取数据框 Bsdata 中的"身高"和"体重"变量，直接用"Bsdata.身高"与"Bsdata.体重"即可，也可用 Bsdata['身高']与 Bsdata['体重']，该方法书写比"."法烦琐，却是不容易出错且直观的一种方法，可推广到多个变量的情形，<u>推荐使用</u>。

In	Bsdata['身高'] #选取一列数据，一列时也可用"Bsdata.身高"

Out	0	167
	1	171
	2	175
	3	169
	4	154
	⋮	

In	Bsdata[['身高','体重']]　#选取两列数据

Out		身高	体重
	0	167	71
	1	171	68
	2	175	73
	3	169	74
	4	154	55
	⋮		

(2)下标法：由于数据框是二维数组(矩阵)的扩展，所以也可以用矩阵的列下标来选取变量数据，用这种方法进行矩阵(数据框)运算比较方便。比如，dat.iloc[i,j]表示数据框(矩阵)的第 i 行、第 j 列数据，dat.iloc[i,]表示 dat 的第 i 行数据向量，而 dat.iloc[,j]表示 dat 的第 j 列数据向量(变量)。再如，"身高"和"体重"变量在数据框 Bsdata 的第 3、4 两列。但要注意，Python 的下标是从 0 开始的。

In	Bsdata.iloc[:,2]　　　#选取第 1 列

Out	0	167
	1	171
	2	175
	3	169
	4	154
	⋮	

In	Bsdata.iloc[:,2:4]　　#选取第 3、4 列

Out		身高	体重
	0	167	71
	1	171	68
	2	175	73
	3	169	74
	4	154	55
	⋮		

3.3.4.3　提取样品

In	Bsdata.loc[3]	#提取第 4 行

Out	学号	1512332010
	性别	男
	身高	169

	体重	74	
	支出	4.9	
	开设	有必要	
	课程	编程技术	
	软件	Excel	

In	Bsdata.loc[3:5] #提取第 3 至 5 行

Out	学号	性别	身高	体重	支出	开设	课程	软件
3	1512332010	男	169	74	4.9	有必要	编程技术	Excel
4	1512331015	男	154	55	25.9	有必要	都学习过	Python
5	1516248014	男	183	76	85.6	不必要	编程技术	Excel

3.3.4.4 选取观测与变量

同时选取观测与变量数据的方法就是将选取变量和提取样品方法结合使用。例如，我们要选取数据框中男生的部分数据，可用以下语句。

In	Bsdata.loc[:3,['身高','体重']]

Out	身高	体重
0	167	71
1	171	68
2	175	73
3	169	74

	Bsdata.iloc[:3,:5] #选取第 0 至 2 行和 1 至 5 列数据

	学号	性别	身高	体重	支出
0	1510248008	女	167	71	46.0
1	1510229019	男	171	68	10.4
2	1512108019	女	175	73	21.0

3.3.4.5 条件选取

例如，选取身高超过 180cm 的男生的数据以及身高超过 180cm 且体重小于 80kg 的男生的数据，可用以下语句。

In	Bsdata[Bsdata['身高']>180]

Out	学号	性别	身高	体重	支出	开设	课程	软件
5	1516248014	男	183	76	85.6	不必要	编程技术	Excel
10	1520100029	男	184	82	10.3	有必要	都学习过	SAS
21	1525352033	男	185	83	5.1	有必要	都学习过	SPSS
32	1530243029	男	186	87	9.5	不必要	都未学过	No

In	Bsdata[(Bsdata['身高']>180) & (Bsdata['体重']<80)]

Out	学号	性别	身高	体重	支出	开设	课程	软件
5	1516248014	男	183	76	85.6	不必要	编程技术	Excel

3.3.4.6 数据框的运算

（1）生成新的数据框

可以通过选择变量名来形成新的数据框。

In	Bsdata['体重指数']=Bsdata['体重']/(Bsdata['身高']/100)**2
	round（Bsdata[:5],2)

Out		学号	性别	身高	体重	支出	开设	课程	软件	体重指数
	0	1510248008	女	167	71	46.0	不清楚	都未学过	No	25.46
	1	1510229019	男	171	68	10.4	有必要	概率统计	Matlab	23.26
	2	1512108019	女	175	73	21.0	有必要	统计方法	SPSS	23.84
	3	1512332010	男	169	74	4.9	有必要	编程技术	Excel	25.91
	4	1512331015	男	154	55	25.9	有必要	都学习过	Python	23.19

（2）数据框的合并 concat（）

可以用 pd.concat（）将两个或两个以上向量、矩阵或数据框合并起来，参数 axis=0 表示按行合并，axis=1 表示按列合并。

In	pd.concat（[Bsdata.身高, Bsdata.体重],axis=0)　　#按行合并
Out	0　　　167
	1　　　171
	2　　　175
	3　　　169
	4　　　154
	⋮

In	pd.concat（[Bsdata.身高, Bsdata.体重],axis=1)　　#按列合并
Out	身高　体重
	0　　167　　71
	1　　171　　68
	2　　175　　73
	3　　169　　74
	4　　154　　55
	⋮

（3）数据框转置.T

In	Bsdata.iloc[:,:5].T
Out			0	1	2
	学号	1510248008	1510229019	1512108019
	性别	女	男	女
	身高	167	171	175
	体重	71	68	73
	支出	46	10.4	21

习题 3

一、选择题

1. 以下哪个选项可以创建一个 3×3 的单位矩阵？_____

A．np.range（3,3）　B．np.zeros（3）　　　C．np.eye（3）　　D．np.eye[3]

2．以下哪个选项可以显示数据框 Bsdata 的数据结构？＿＿＿＿＿＿

A．Bsdata.info（）　B．Bsdata.head（）　　C．Bsdata.tail（）　D．Bsdata.index（）

3．关于 pandas 库的 DataFrame 对象，哪个说法是正确的？＿＿＿＿＿＿

A．DataFrame 是二维带索引的数组，索引可自定义

B．DataFrame 与二维 ndarray 类型在数据运算上方法一致

C．DataFrame 只能表示二维数据

D．DataFrame 由两个 Series 组成

4．有如下代码：

```
import pandas as pd
a = pd.Series([9, 8, 7, 6], index=['a','b','c','d'])
```

哪个是 print（a.index）的结果？＿＿＿＿＿＿

A．[9, 8, 7, 6]　　　　　　　　B．['a','b','c','d']

C．（'a','b','c','d'）　　　　　　D．Index（['a','b','c','d']）

5．下面两段代码，哪个说法不正确？＿＿＿＿＿＿

```
import numpy as np
a = np.array([0, 1, 2, 3, 4])
import pandas as pd
b = pd.Series([0, 1, 2, 3, 4])
```

A．a 和 b 是不同的数据类型，不能直接运算

C．a 和 b 都是一维数据

B．a 和 b 表达同样的数据内容

D．a 参与运算的执行速度比 b 快

6．以下哪一个步骤不属于数据清洗？＿＿＿＿＿＿

A．去重　　　　　B．删除缺失值　　　C．数据合并　　D．异常值检测

7．下面关于 Series 和 DataFrame 的理解，哪个是不正确的？＿＿＿＿＿＿

A．DataFrame 表示带索引的二维数据

B．Series 和 DataFrame 之间不能进行运算

C．Series 表示带索引的一维数据

D．可以像对待单一数据一样对待 Series 和 DataFrame 对象

8．阅读如下代码：

```
import pandas as pd
dt = {'one': [', 8, 7, 6], 'wo': [', 2, 1, 0]}
a = pd.DataFrame(dt)
```

希望获得['one','t'o']，应使用如下哪个语句？＿＿＿＿＿＿

A．a.index　　　　B．a.row　　　　　　C．a.values　　　D．a.columns

二、分析题

1. 请创建下列 Python 数组，并计算。

    (1) 创建一个 2×2 的数组，计算对角线上元素的和。

    (2) 创建一个长度为 9 的一维数据，数组元素为 0～8，并将它重新变为 3×3 的二维数组。

    (3) 创建两个 3×3 的数组，分别将它们合并为 3×6、6×3 的数组后，拆分为 3 个数组。

2. 调查数据。某公司对财务部门人员的抽烟状态进行调查，结果为：否，否，否，是，是，否，否，是，否，是，否，否，是，是，否，是，否，否，是，是。

    (1) 请用列表录入该数据。

    (2) 请将这组数据输入电子表格，并将其读入 Python。

3. 对第 2 章建立的电子表格 mydata1.xlsx 数据，完成如下任务。

    (1) 将上面的分析题 1 和 2 的数据写入其中的表单。

    (2) 分别用 Python 的 read_csv 和 read_excel 函数读取。

    (3) 对其中的学生数据，用 Python 方法获取性别、数学成绩和统计学成绩变量，并筛选不同性别学生的成绩。

第4章 数据的探索性分析及可视化

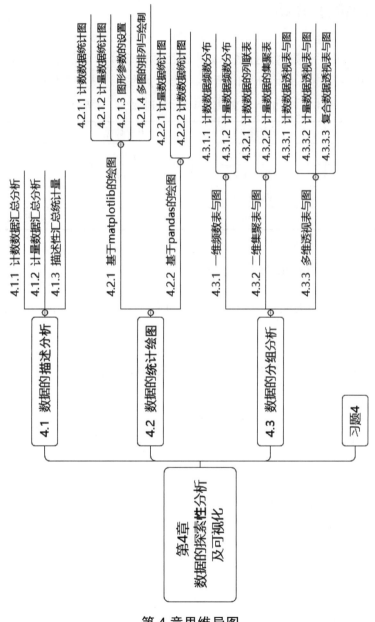

第4章思维导图

在进行任何统计分析之前，都需要对数据进行探索性分析(Exploratory Data Analysis，EDA)，以了解资料的性质和数据的特点。当面对一组陌生的数据时，进行探索性分析有助于我们掌握数据的基本情况。探索性分析是通过分析数据以决定哪种方法适合统计推断和建模的过程。对于一组数据，它们是否近似地服从正态分布？是否呈现拖尾或截尾分布？其分布是对称的，还是呈偏态的？分布是单峰、双峰，还是多峰的？实现这一分析的主要过程是计算基本统计量和绘制基本统计图。

4.1 数据的描述分析

Python 提供了很多对数据进行基本分析的函数，表 4-1 所示是 Python 对变量(序列或数据框)进行基本描述性统计分析的函数，进一步的描述统计量参见 4.3 节。

表 4-1 Python 对变量进行基本描述性统计分析的函数

计数数据	用途	计量数据	用途
value_counts	一维频数表	mean	均值
crosstab	二维列联表	median	中位数
pivot_table	多维透视表	quantile	分位数
		std	标准差

4.1.1 计数数据汇总分析

统计学中把取值范围是有限个值的变量称为离散变量，其中表示分类情况的数据又称为计数数据。

(1)频数：绝对数

Python 中的 value_counts()函数可对计数数据计算频数。

In	import pandas as pd BSdata=pd.read_excel('DaP'_data.xlsx','B'd'ta'); 'Sdata　#读取数据
In	T1=BSdata.性别.value_counts();T1
Out	男　　27 女　　25

这是分类变量，来源于频数分析，说明在 52 个学生中有男生 27 人、女生 25 人。

(2)频率：相对数

频数/总数为计数数据的频率。

In	T1/sum(T1)*100
Out	男　　51.923077 女　　48.076923

这是性别的频率分析，说明在 52 个学生中男生占 51.92%，女生占 48.08%。

4.1.2　计量数据汇总分析

对于数值型数据，经常要分析它的集中趋势和离散程度，用来描述集中趋势的统计量主要有均值、中位数和众数等；描述离散程度的统计量主要有方差、标准差和变异系数等。Python 只需要一个命令就可以简单地得到这些结果，比如，计算均值、中位数、方差、标准差的命令分别是 mean()、median()、var()、std()。

计量数据的基本统计量主要包括均数、中位数、极差、方差、标准差和四分位数间距等，其基本含义如下。

（1）均数（算术平均数，mean）

均数指一组数据的和除以这组数据的个数所得到的商，它反映一组数据的总体水平。对于对称或正态分布数据，通常计算其均值来表示其集中趋势或平均水平。

$$\overline{X} = \frac{1}{n} \sum_{i=1}^{n} X_i$$

In	X=Bsdata.身高
	X.mean()
Out	168.51923076923077

（2）中位数（median）

中位数指一组数据按大小顺序排列，处于中间位置的一个数据（或中间两个数据的平均值），它反映了一组数据的集中趋势。对于非对称或偏态分布数据，通常计算其中位数，来表示其平均水平。

$$\overline{X} = \begin{cases} X_{\left(\frac{n+1}{2}\right)}, & n\text{为奇数} \\ \frac{1}{2}\left[X_{\left(\frac{n}{2}\right)} + X_{\left(\frac{n}{2}+1\right)} \right], & n\text{为偶数} \end{cases}$$

In	X.median()
Out	167.5

（3）极差（range）

极差指一组数据中最大数据与最小数据的差，在统计中常用极差来刻画一组数据的离散程度。它反映的是变量分布的变异范围和离散幅度，在总体中任何两个单位的数值之差都不能超过极差。

$$R = \max(X) - \min(X)$$

In	X.max()−X.min()
Out	32.0

（4）方差

方差指各个数据与平均数之差的平方的平均数，它表示数据的离散程度和数据的波动大小。

$$s^2 = \frac{1}{n-1}\sum_{i=1}^{n}(X_i - \overline{X})^2$$

In	X.var()
Out	64.29374057315236

（5）标准差

标准差指方差的算术平方根，作用等同于方差，但单位与原数据单位是一致的。对正态分布数据，通常计算其标准差，来反映其变异水平。

$$s = \sqrt{s^2}$$

In	X.std()
Out	8.01833776871194

方差或标准差是表示一组数据的波动性的指标，因此，通过方差或标准差可以判断一组数据的稳定性——方差或标准差越大，数据越不稳定；方差或标准差越小，数据越稳定。

（6）四分位数间距（IQR）

对非对称或偏态分布数据，通常计算其四分位数间距，来反映其变异水平，IQR = Q3–Q1，其中，Q3 和 Q1 分别为数据的第 3 分位数和第 1 分位数（或 75%分位数和 25%分位数）。Python 提供了计算数据分位数（数排序后的位置）的函数 quantile()，于是 IQR 可写为

$$IQR = quantile(x, 0.75) - quantile(x, 0.25)$$

In	X.quantile(0.75) − X.quantile(0.25)
Out	11.0

（7）偏度

偏度指描述数据分布偏斜方向和程度的度量，是统计数据分布非对称程度的数字特征。偏度亦称偏倚、偏态系数，是表征概率分布密度曲线相对于平均值不对称程度的特征数，直观来看就是密度函数曲线尾部的相对长度。

定义上，偏度是样本的三阶标准化矩，定义如下：

$$skew = \frac{1}{n}\sum_{i=1}^{n}(x_i - \overline{x})^3 / s^{3/2}$$

In	X.skew()
Out	0.29880755120910174

（8）峰度

与偏度类似，峰度是描述总体中所有取值分布形态陡缓程度的统计量。这个统计量需要与正态分布相比较，峰度为 0，表示该总体数据分布与正态分布的陡缓程度相同；峰度大于 0，表示该总体数据分布与正态分布相比较为陡峭，为尖顶峰；峰度小于 0，表示该总体数据分布与正态分布相比较为平坦，为平顶峰。峰度的绝对值越大，表示其分布形态的陡缓程度与正态分布的差异程度越大。

$$\text{kurt} = \frac{1}{n}\sum_{i=1}^{n}(x_i - \overline{x})^4 / s^2 - 3$$

In	X.kurt()
Out	−0.42072371559816935

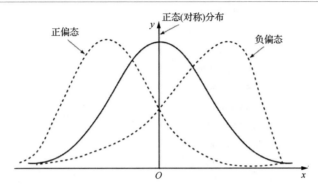

4.1.3　描述性汇总统计量

可用函数 describe 对数据做一些汇总性描述统计分析,并将其默认为计算计量数据的基本统计量。

In	import pandas as pd Bsdata=pd.read_excel('DaPy_data.xlsx','Bsdata');
In	Bsdata.describe()　　#默认为计算计量数据的基本统计量

Out		学号	身高	体重	支出
	count	5.200000e+01	52.000000	52.000000	52.000000
	mean	1.523270e+09	168.519231	68.500000	24.511538
	std	1.899525e+07	8.018338	7.711718	21.432060
	min	1.438120e+09	154.000000	50.000000	2.500000
	25%	1.520377e+09	163.000000	63.000000	9.500000
	50%	1.526685e+09	167.500000	68.500000	15.450000
	75%	1.532229e+09	174.000000	73.000000	35.600000
	max	1.540388e+09	186.000000	87.000000	85.600000

In	Bsdata[['性别','开设','课程','软件']].describe()　　#对计数数据计算基本统计量

Out		性别	开设	课程	软件
	Count	52	52	52	52
	Unique	2	3	5	7
	top	男	有必要	统计方法	Excel
	freq	27	29	15	15

Python 的特点在于基于对象的函数分析,Python 中的所有分析工具都是基于函数的。要发挥 Python 的优势,通常可构建一些数据分析函数来进行基本的数据分析。

下面是我们自定义的基本统计量计算函数,类似于上面的 describe 函数,但可自行优化和完善。

In	`def stats(x):`
	`    stat=[x.count(),x.min(),x.quantile(.25),x.mean(),x.median(),`
	`        x.quantile(.75),x.max(),x.max()-x.min(),x.var(),x.std(),x.skew(),x.kurt()]`
	`    stat=pd.Series(stat,index=['Count','Min', 'Q1(25%)','Mean','Median',`
	`        'Q3(75%)','Max','Range','Var','Std','Skew','Kurt'])`
	`    #x.plot(kind='kde')    #拟合核密度 kde 曲线，见下一节`
	`    return(stat)`

In	`stats(Bsdata.身高)`
Out	Count 52.000000 Min 154.000000 Q1(25%) 163.000000 Mean 168.519231 Median 167.500000 Q3(75%) 174.000000 Max 186.000000 Range 32.000000 Var 64.293741 Std 8.018338 Skew 0.298808 Kurt −0.420724
In	`stats(Bsdata.支出)`
Out	Count 52.000000 Min 2.500000 Q1(25%) 9.500000 Mean 24.511538 Median 15.450000 Q3(75%) 35.600000 Max 85.600000 Range 83.100000 Var 459.333198 Std 21.432060 Skew 1.268351 Kurt 0.673127

　　当然，这些函数还可以不断完善，比如，它只能计算向量或变量数据，无法计算矩阵或数据框的数据，大家可自定义一个计算矩阵或数据框的基本统计量函数。

4.2　数据的统计绘图

4.2.1　基于 matplotlib 的绘图

　　matplotlib 是 Python 的基本绘图包，是一个 Python 的图形框架。它是 Python 最著名的绘图库，提供了一整套和 MATLAB 相似的命令 API，十分适合基本统计图形的绘制。在绘制时，可先进行一些基本设置。

In	#%matplotlib inline	#在 jupyter 中绘图
	#%config InlineBackend.figure_format='retina'	#提高图形显示的清晰度

常用的统计绘图函数如表 4-2 所示。

表 4-2　常用的统计绘图函数

计 数 数 据	用　途	计 量 数 据	用　途
bar ( )	绘制条图	plot ( )	绘制折线图
pie ( )	绘制饼图	hist ( )	绘制直方图

4.2.1.1　计数数据统计图

（1）条图（bar）

条图（条形图）的高度可以是频数或频率，图的形状看起来是一样的，但是刻度不一样。matplotlib 绘制条形图的命令是 bar ( )。在对分类数据绘制条形图时，须先对原始数据分组，否则绘出的不是分类数据的条形图。

In	X=['A','B','C','D','E','F','G']
	Y=[1,4,7,3,2,5,6]
In	import matplotlib.pyplot as plt　#加载绘图包
	plt.bar（X,Y）;
Out	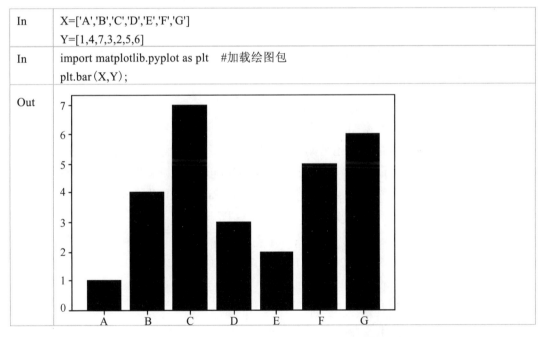

（2）饼图（pie）

对分类数据还可以用饼图描述。饼图用于表示各类别的构成比情况，它将图形的总面积假定为 100%，以扇形面积的大小表示事物内部各组成部分所占的百分比。在 matplotlib 中绘制饼图也很简单，只要使用命令 pie ( ) 就可以了。**注意**：和条形图一样，对原始数据绘制饼图前要先分组。

In	plt.pie(Y,labels=X);
Out	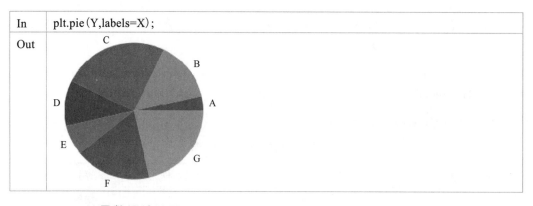

4.2.1.2　计量数据统计图

（1）线图（plot）

In	plt.plot(X,Y);
Out	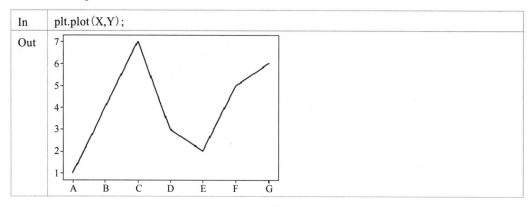

（2）直方图（hist）

　　直方图用于表示计量数据的频数分布，实际应用中常用于考察变量的分布是否服从某种分布类型，比如，数据是正态还是偏态的。图形以矩形的面积表示各组段的频数（或频率），各矩形的面积总和为总频数（或等于1）。matplotlib中用来作直方图的函数是hist()，也可以用频率作直方图，只要把density参数（默认为False）设置为True就可以了。

In	plt.hist(Bsdata.身高)　　　　　# 频数直方图，默认density=False
Out	(array([4., 5., 5., 9., 9., 6., 5., 4., 1., 4.]), array([154.,157.2,160.4,163.6,166.8,170.,173.2,176.4,179.6,182.8,186.]), 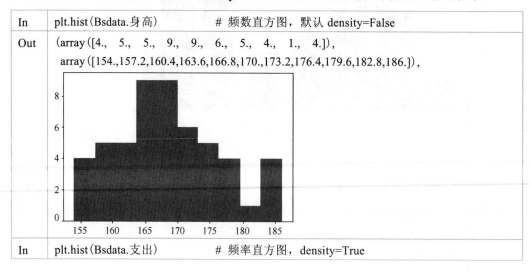
In	plt.hist(Bsdata.支出)　　　　　# 频率直方图，density=True

| Out | (array([21., 8., 7., 5., 0., 4., 2., 1., 3., 1.]),
array([2.5 , 10.81, 19.12, 27.43, 35.74, 44.05, 52.36, 60.67, 68.98, 85.6]),
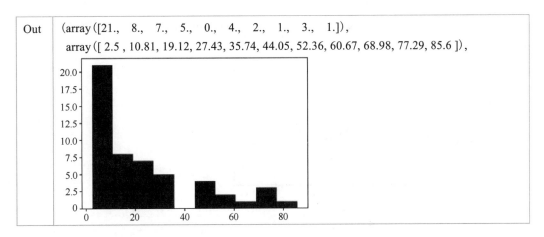 |

(3) 散点图(scatter)

In	plt.scatter(Bsdata.身高, Bsdata.体重);
Out	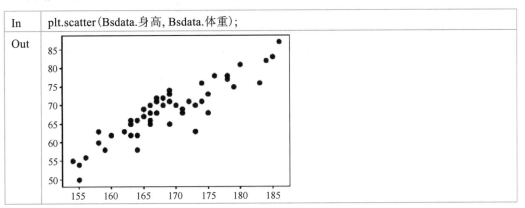

这些图的形式是 Python 默认的，比较原始。我们可以通过设置不同的图形参数对图形进行调整和优化。

4.2.1.3 图形参数的设置

Python 中的每一个绘图函数，都有许多参数设置选项，大多数函数的部分选项是一样的，下面列出一些主要的共同选项及其默认值。

(1)标题、标签、标尺及颜色

在使用 matplotlib 模块绘制坐标图时，往往需要对坐标轴设置很多参数，这些参数包括横纵坐标轴范围、坐标轴刻度大小、坐标轴名称等。

matplotlib 中有很多函数，可用来对这些参数进行设置。

plt.xlim、plt.ylim：设置横纵坐标轴范围；

plt.xlabel、plt.ylabel：设置坐标轴名称；

plt.xticks、plt.yticks：设置坐标轴刻度；

colors：控制图形的颜色，c='red'表示设置为红色。

In	# 标题、标签、标尺及颜色	
	plt.plot(X,Y,c='red');	#控制图形的颜色 colors，c='red'表示设置为红色
	plt.ylim(0,8);	#plt.xlim、plt.ylim：设置横纵坐标轴范围

	plt.xlabel('names'); plt.ylabel('values'); #plt.xlabel、plt.ylabel：设置坐标轴名称
Out	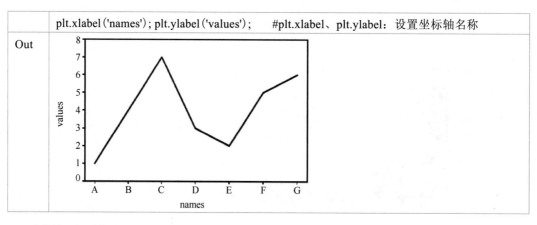

（2）线型和符号

linestyle：控制连线的线型（-：实线，--：虚线，.：点线）；

marker：控制符号的类型，例如，'o' 为绘制实心圆点图。

In	plt.plot(X,Y, linestyle='—', marker='.');
Out	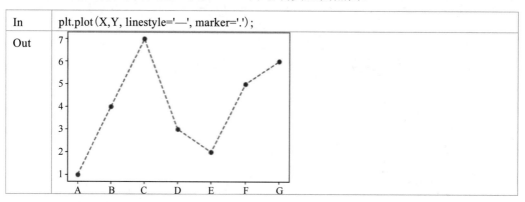

（3）绘图函数附加图形

使用高级绘图函数可以画出一幅新图，而低级绘图函数只能作用于已有的图形之上。

垂线：在纵坐标 y 处画垂直线（plt.axvline）；

水平线：在横坐标 x 处画水平线（plt.axhline）。

In	plt.plot(X,Y,'o—'); plt.axvline(x=1); plt.axhline(y=4);
Out	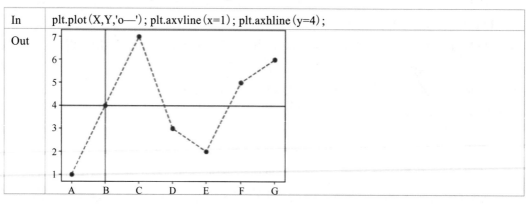

（4）文字函数

text$(x, y, \text{labels}, \cdots)$，在$(x, y)$处添加用 labels 指定的文字。

In	plt.plot (X,Y) ;plt.text (2, 7, ' peak point')
Out	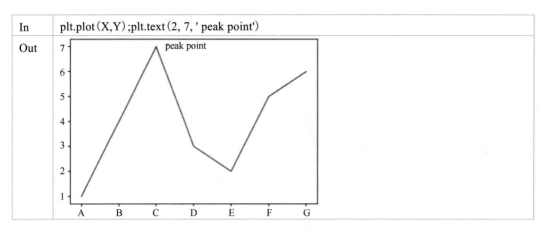

（5）图例

绘制图形后，可使用 legend（）函数给图形加图例。

In	plt.plot (X,Y, label='line') ; plt.legend () ;
Out	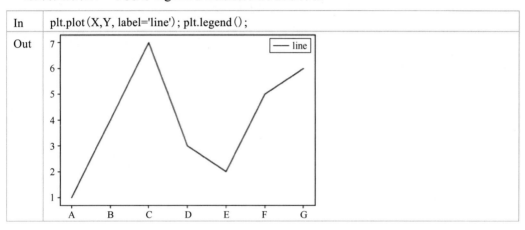

（6）误差线图

In	s=[0.1,0.4,0.7,0.3,0.2,0.5,0.6]　　　　　　　　　#误差值 plt.plot (X,Y) ; plt.errorbar (X,Y,yerr=s,fmt='o',capsize=4) ;
Out	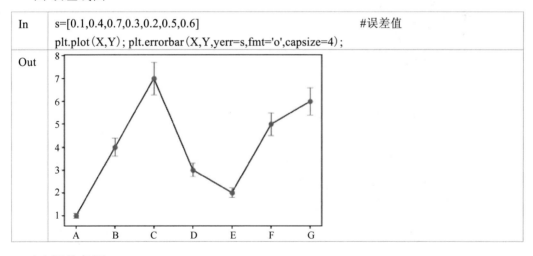

（7）误差条图

In	plt.bar (X,Y,yerr=s,capsize=4) ; #kw={'capsize':4}

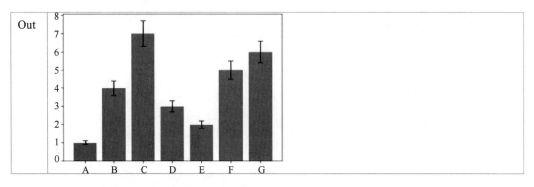

4.2.1.4 多图的排列与绘制

在 matplotlib 下，一个 Figure 对象可以包含多个子图（Axes），可以使用 subplot（）快速绘制，有两种调用形式：

$$subplot(numRows,numCols,plotNum)$$

或　　　　fig,ax=plt.subplots(numRows,numCols,figsize=(width,height))

图表的整个绘图区域被分成 numRows 行和 numCols 列。

然后按照从左到右、从上到下的顺序对每个子区域进行编号，左上子区域的编号为 1，plotNum 参数指定创建的 Axes 对象所在的区域（可省略 subplot 中的','）。

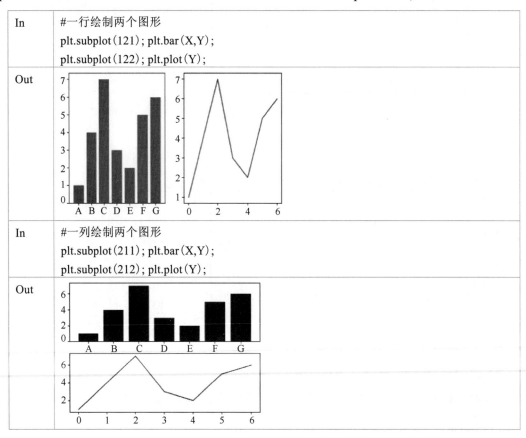

In	fig,ax = plt.subplots(1,2,figsize=(10,4))　　#根据页面大小绘制两个图形 ax[0].bar(X,Y);ax[1].plot(X,Y)
Out	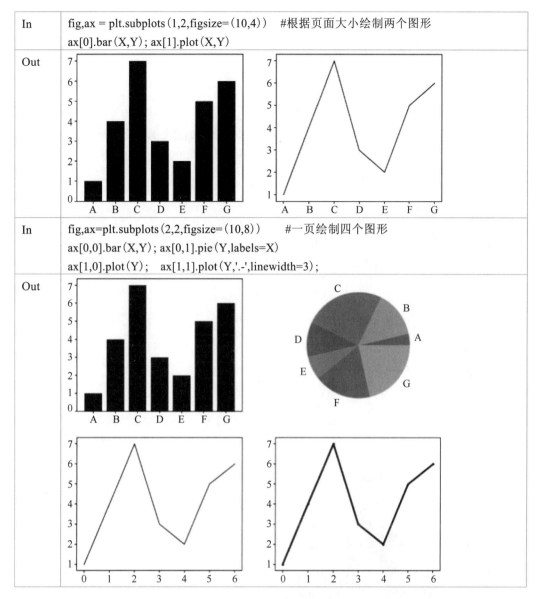
In	fig,ax=plt.subplots(2,2,figsize=(10,8))　　#一页绘制四个图形 ax[0,0].bar(X,Y); ax[0,1].pie(Y,labels=X) ax[1,0].plot(Y);　ax[1,1].plot(Y,'.-',linewidth=3);
Out	

4.2.2　基于 pandas 的绘图

在 pandas 中，数据框有行标签、列标签及分组信息等，即要制作一张完整的图表，原本需要很多行 matplotlib 代码，现在只需一两条简洁的语句就可以了。pandas 有很多能够利用 DataFrame 对象数据组织特点来创建标准图标的高级绘图方法。

这些函数的数量还在不断增加，详见

https://pandas.pydata.org/pandas-docs/stable/reference/api/pandas.DataFrame.plot.html

对于数据框 DataFrame 绘图，其每列都为一个绘图图线，会将每列作为一个图线绘制到一张图中，并用不同的线条颜色及不同的图例标签来表示。其基本格式如下：

```
DataFrame.plot(kind='line')
```

```
kind : 图类型
    'line':        #默认绘线图
    'bar':         #垂直条图
    'barh':        #水平条图
    'hist':        #直方图
    'box':         #箱型图
    'kde':         #核密度估计图，对直方图添加密度线，同 'density'
    'area':        #面积图
    'pie':         #饼图
    'scatter':     #散点图
```

4.2.2.1　计量数据统计图

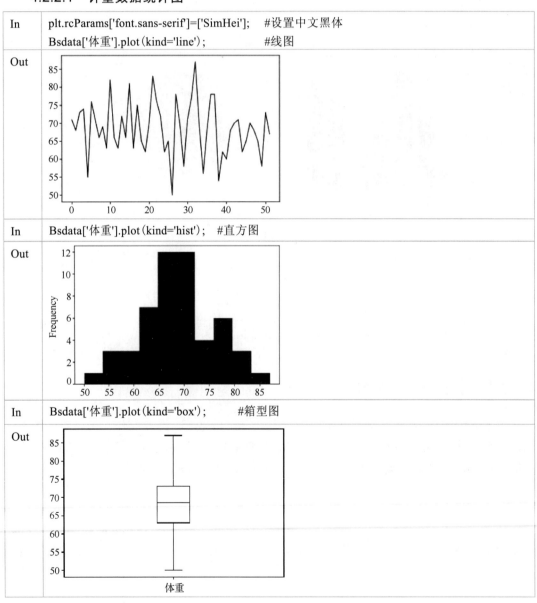

In	plt.rcParams['font.sans-serif']=['SimHei'];　#设置中文黑体 Bsdata['体重'].plot(kind='line');　　　#线图
Out	
In	Bsdata['体重'].plot(kind='hist');　#直方图
Out	
In	Bsdata['体重'].plot(kind='box');　　#箱型图
Out	

In	Bsdata['体重'].plot(kind='density',title='Density');
Out	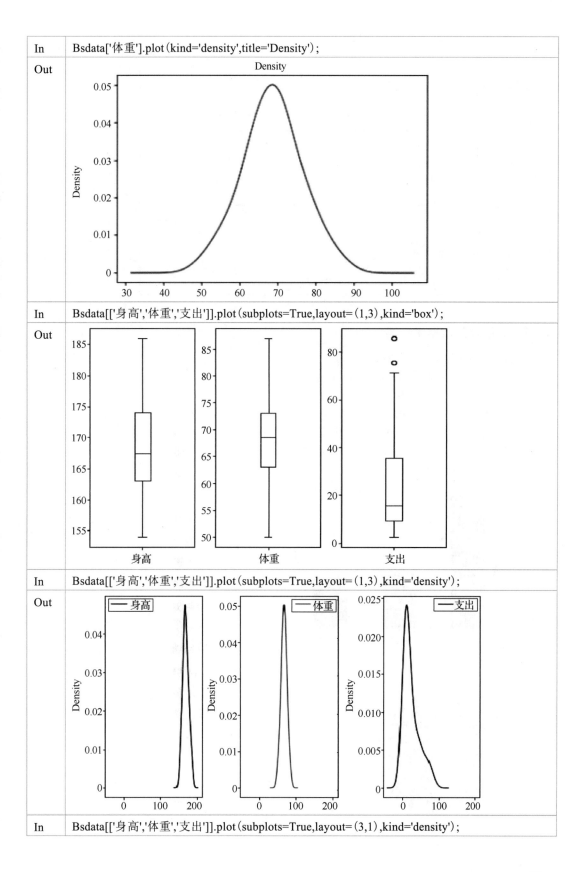
In	Bsdata[['身高','体重','支出']].plot(subplots=True,layout=(1,3),kind='box');
Out	
In	Bsdata[['身高','体重','支出']].plot(subplots=True,layout=(1,3),kind='density');
Out	
In	Bsdata[['身高','体重','支出']].plot(subplots=True,layout=(3,1),kind='density');

Out	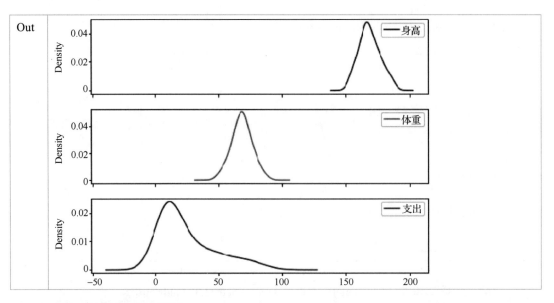

4.2.2.2 计数数据统计图

In	T1=Bsdata['开设'].value_counts(); T1
	pd.DataFrame({'频数':T1,'频率':T1/T1.sum()*100})
Out	频数 频率
	有必要 29 55.769231
	不清楚 12 23.076923
	不必要 11 21.153846
In	T1.plot(kind='bar');
Out	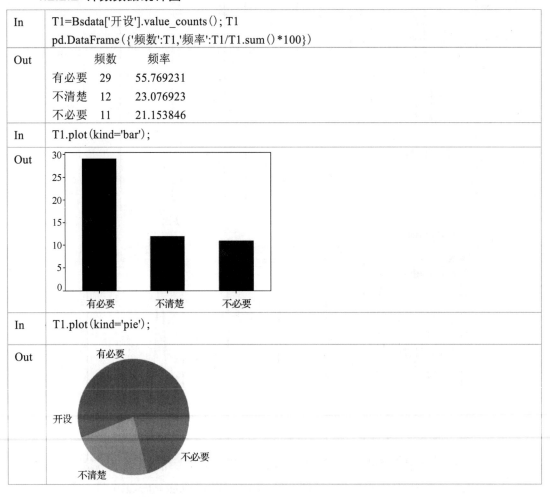
In	T1.plot(kind='pie');
Out	

4.3 数据的分组分析

4.3.1 一维频数表与图

4.3.1.1 计数数据频数分布

（1）value_counts

In	Bsdata['开设'].value_counts()
Out	学号 开设 不必要　11 不清楚　12 有必要　29

（2）自定义计数汇总函数

由于 Python 自带的 value_counts() 函数只能统计计数数据的个数，无法计算其频率，于是我们自定义一个函数 tab() 来进行统计和绘图。

In	`def tab(x, plot=False):`　　　　　　　　　　　　　　#计数频数表
	　`f=x.value_counts();f`
	　`s=sum(f);`
	　`p=round(f/s*100, 3); p`
	　`T1=pd.concat([f,p], axis=1);`
	　`T1.columns=['例数','构成比'];`
	　`T2=pd.DataFrame({'例数':s,'构成比':100.00}, index=['合计'])`
	　`Tab=T1.append(T2)`
	　`if plot:`
	　　`fig,ax = plt.subplots(1,2,figsize=(10,4))`
	　　`ax[0].bar(f.index, f);`　　　　　　　　　　　#条图
	　　`ax[1].pie(p, labels=p.index, autopct='%1.2f%%');`　#饼图
	　`return(round(Tab, 3))`

In	`tab(Bsdata.开设,True)`
Out	例数　构成比 有必要　29　55.769 不清楚　12　23.077 不必要　11　21.154 合　计　52　100.000

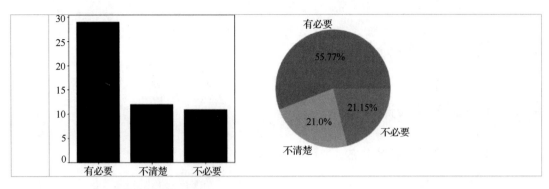

4.3.1.2 计量数据频数分布

(1)身高频数表与条图

In	H_cut=pd.cut（Bsdata.身高, bins=10）; H_cut	#身高分 10 组
Out	0　　　（166.8, 170.0） 1　　　（170.0, 173.2） 2　　　（173.2, 176.4） 3　　　（166.8, 170.0） 4　　（153.968, 157.2） 5　　　（182.8, 186.0） 6　　　（166.8, 170.0） ⋮	
In	H_cut.value_counts（）	#分组再统计
Out	（166.8, 170.0）　　　10 （163.6, 166.8）　　　9 （173.2, 176.4）　　　5 （170.0, 173.2）　　　5 （160.4, 163.6）　　　5 （157.2, 160.4）　　　5 （182.8, 186.0）　　　4 （176.4, 179.6）　　　4 （153.968, 157.2）　　　4 （179.6, 182.8）　　　1	
In	H_cut.value_counts（）.plot（kind='bar'）;	#将结果画成垂直条图
Out	

大家可试作 bins=[150,160,170,180,190,200]的分组表和条图。

（2）支出频数表

In	O_cut=pd.cut(Bsdata.支出, bins=[0,10,30,100]);O_cut
Out	0 (30, 100) 1 (10, 30) 2 (10, 30) 3 (0, 10) 4 (10, 30) 5 (30, 100) 6 (0, 10)
In	O_cut.value_counts()
Out	(10, 30) 21 (0, 10) 16 (30, 100) 15 Name: 支出, dtype: int64
In	O_cut.value_counts().plot(kind='bar');
Out	

（3）自定义计量频率分析函数

由于 Python 自带的 hist()函数不是以频数表的形式显示的，于是自定义一个函数 freq()来进行统计和绘图。

| In | ```python
def freq(X,bins=10):            #计量数据的频数表与直方图
    H=plt.hist(X,bins);
    a=H[1][:-1]; b=H[1][1:]; f=H[0];
    p=f/sum(f)*100;p
    cp=np.cumsum(p);cp
    Freq=pd.DataFrame([a,b,f,p,cp])
    Freq.index=['[下限 a','上限 b]','频数 f','频率 p(%)','累计频数 cp(%)']
    return(round(Freq.T,2))
``` |
|---|---|
| In | freq(Bsdata.体重) |

Out	[下限 a	上限 b]	频数 f	频率 p(%)	累计频数 cp(%)
0	50.0	53.7	1.0	1.92	1.92
1	53.7	57.4	3.0	5.77	7.69
```

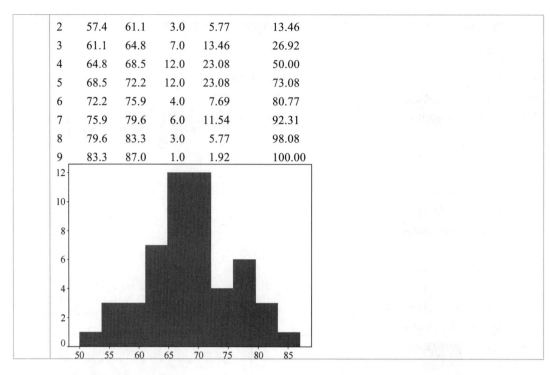

2	57.4	61.1	3.0	5.77	13.46
3	61.1	64.8	7.0	13.46	26.92
4	64.8	68.5	12.0	23.08	50.00
5	68.5	72.2	12.0	23.08	73.08
6	72.2	75.9	4.0	7.69	80.77
7	75.9	79.6	6.0	11.54	92.31
8	79.6	83.3	3.0	5.77	98.08
9	83.3	87.0	1.0	1.92	100.00

4.3.2　二维集聚表与图

4.3.2.1　计数数据的列联表

（1）二维列联表

Pandas 的 crosstab（）函数可以把双变量分类数据整理成二维表形式。

In	pd.crosstab（Bsdata.开设, Bsdata.课程）				
Out	课程 开设	概率统计	统计方法	编程技术	都学习过	都未学过
	不必要	3	2	1	1	4
	不清楚	3	3	3	2	1
	有必要	5	10	6	7	1

行和列的合计可使用参数 margins=True。

In	pd.crosstab（Bsdata.开设, Bsdata.课程, margins=True）					
Out	课程 开设	概率统计	统计方法	编程技术	都学习过	都未学过	All
	不必要	3	2	1	1	4	11
	不清楚	3	3	3	2	1	12
	有必要	5	10	6	7	1	29
	All	11	15	10	10	6	52

对于二维表，我们经常要计算某个数据占行、列的比例或占总的比例，也就是边缘

概率。Python 可以很简单地计算这些比例，使用 normalize 参数，normalize ='index'表示各数据占行的比例；normalize ='columns'表示各数据占列的比例；normalize ='all'表示各数据占总和的比例。例如：

In	pd.crosstab（Bsdata.开设, Bsdata.课程, margins=True, normalize='index'）				
Out	课程 开设	概率统计	统计方法	编程技术	都学习过	都未学过
	不必要	0.2727	0.1818	0.0909	0.0909	0.3636
	不清楚	0.2500	0.2500	0.2500	0.1667	0.0833
	有必要	0.1724	0.3448	0.2069	0.2414	0.0345
	All	0.2115	0.2885	0.1923	0.1923	0.1154
In	pd.crosstab（Bsdata.开设, Bsdata.课程, margins=True, normalize='columns'）					
Out	课程 开设	概率统计	统计方法	编程技术	都学习过	都未学过	All
	不必要	0.2727	0.1333	0.1	0.1	0.6667	0.2115
	不清楚	0.2727	0.2000	0.3	0.2	0.1667	0.2308
	有必要	0.4545	0.6667	0.6	0.7	0.1667	0.5577
In	pd.crosstab（Bsdata.开设, Bsdata.课程, margins=True, normalize='all'）.round（3）					
Out	课程 开设	概率统计	统计方法	编程技术	都学习过	都未学过	All
	不必要	0.0577	0.0385	0.0192	0.0192	0.0769	0.2115
	不清楚	0.0577	0.0577	0.0577	0.0385	0.0192	0.2308
	有必要	0.0962	0.1923	0.1154	0.1346	0.0192	0.5577
	All	0.2115	0.2885	0.1923	0.1923	0.1154	1.0000

（2）复式条图

In	T2=pd.crosstab（Bsdata.开设, Bsdata.课程）;T2 T2.plot（kind='bar'）;
Out	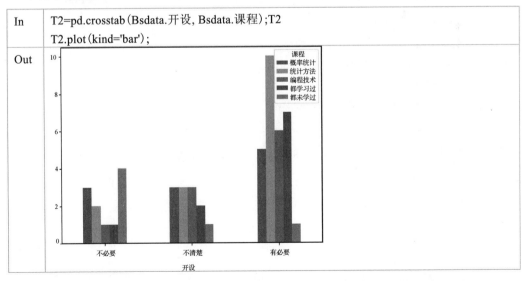

我们继续以上面的分类数据为例绘制条图，粗略分析变量的分布情况。

In	T2.plot(kind='bar', stacked=True);
Out	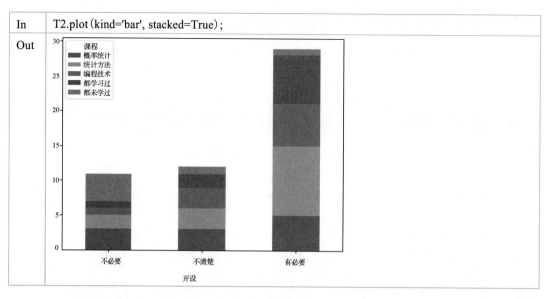

stacked 参数设置为 False 时，绘出的是分段式条图；设置为 True 时，绘出的是并列式条图。该参数默认为 False。

4.3.2.2　计量数据的集聚表

pandas 提供灵活高效的 groupby 功能，使得用户能以一种自然的方式对数据集进行切片、切块、摘要等操作；根据一个或多个键（可以是函数、数组或 DataFrame 列名）拆分 pandas 对象；计算分组摘要统计，如计数、平均值、标准差，以及用户自定义函数，对 DataFrame 的列应用各种各样的函数。

① 按列分组

注意：以下使用 groupby() 函数生成的是一个中间分组变量，为 GroupBy 类型。

In	Bsdata.groupby(['性别'])
	type(Bsdata.groupby(['性别']))
Out	\<pandas.core.groupby.DataFrameGroupBy object at
	0x000000000B748FD0>
	pandas.core.groupby.DataFrameGroupBy

② 按分组统计

在分组结果的基础上应用 size()、sum()、count() 等统计函数，可分别统计分组数、不同列的分组和、不同列的分组数。

In	Bsdata.groupby(['性别'])['身高'].mean()
Out	性别
	女　　165.360000
	男　　171.444444
	Name: 身高, dtype: float64
In	Bsdata.groupby(['性别'])['身高'].size()

Out	性别
	女　　25
	男　　27
In	Bsdata.groupby(['性别','开设'])['身高'].mean()
Out	性别　开设
	女　不必要　　165.166667
	不清楚　　164.555556
	有必要　　166.200000
	男　不必要　　180.200000
	不清楚　　173.333333
	有必要　　168.842105

③ 聚集函数 agg()

对于分组的某一列或多列，应用聚集函数 agg() 可以对分组后的数据应用基本统计量（如均值、标准差等）函数，也可以同时作用于多个列或使用多个函数。

In	Bsdata.groupby(['性别'])['身高'].agg([np.mean, np.std])
Out	mean　　　　std
	性别
	女　165.360000　5.179125
	男　171.444444　9.103395

④ 应用函数 apply()

apply()不同于 agg()的地方在于：前者应用于 dataframe 的各个列，后者仅作用于指定的列。

In	Bsdata.groupby(['性别'])['身高','体重'].apply(np.mean)
Out	身高　　　　　体重
	性别
	女　165.360000　66.240000
	男　171.444444　70.592593
In	Bsdata.groupby(['性别','开设'])['身高','体重'].apply(np.mean)
Out	身高　　　　　体重
	性别 开设
	女　不必要　165.166667　67.333333
	不清楚　164.555556　64.666667
	有必要　166.200000　67.000000
	男　不必要　180.200000　79.200000
	不清楚　173.333333　72.666667
	有必要　168.842105　68.000000

4.3.3　多维透视表与图

对计数数据，前面介绍了用 value_counts()函数生成一维表，用 croostab()函数生成二维表，其实 pivot_table()函数可以生成任意维统计表，包括计量数据。下面使用 pandas

包中 pivot_table 命令的各种透视表，可以实现 Excel 等电子表格的透视表功能，且更为灵活。

pivot_table 的使用格式如下，当按顺序设置变量时，可省略 values 和 index 等关键词，对命令不熟悉时最好写全。

```
DataFrame.pivot_table(
    values=None,              #值变量
    index=None,               #行变量
    columns=None,             #列变量
    aggfunc='mean',           #聚集函数
    fill_value=None,          #缺失值填充
    margins=False,            #是否增加边际
    dropna=True,              #删除缺失值
    margins_name='All',       #边际名称
    observed=False,
)
```

4.3.3.1　计数数据透视表与图

In	#pt11=Bsdata.pivot_table(values=['学号'],index=['性别'],aggfunc=len)
	pt11=Bsdata.pivot_table(['学号'],['性别'],aggfunc=len);pt11　　　　　#len 分组长度

Out	学号 性别 女　　25 男　　27
In	pt11.plot(kind='bar');
Out	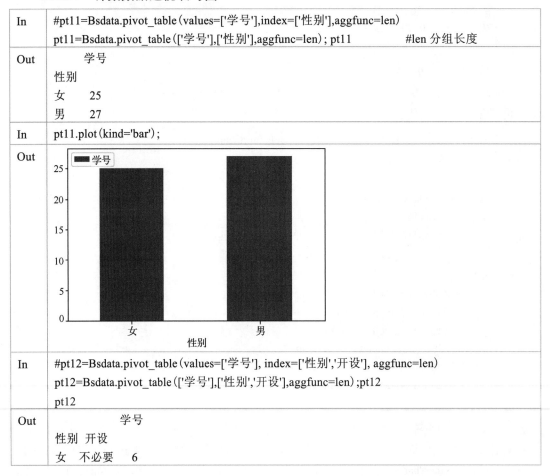

In	#pt12=Bsdata.pivot_table(values=['学号'], index=['性别','开设'], aggfunc=len)
	pt12=Bsdata.pivot_table(['学号'],['性别','开设'],aggfunc=len);pt12
	pt12

Out	学号 性别 开设 女　不必要　　6

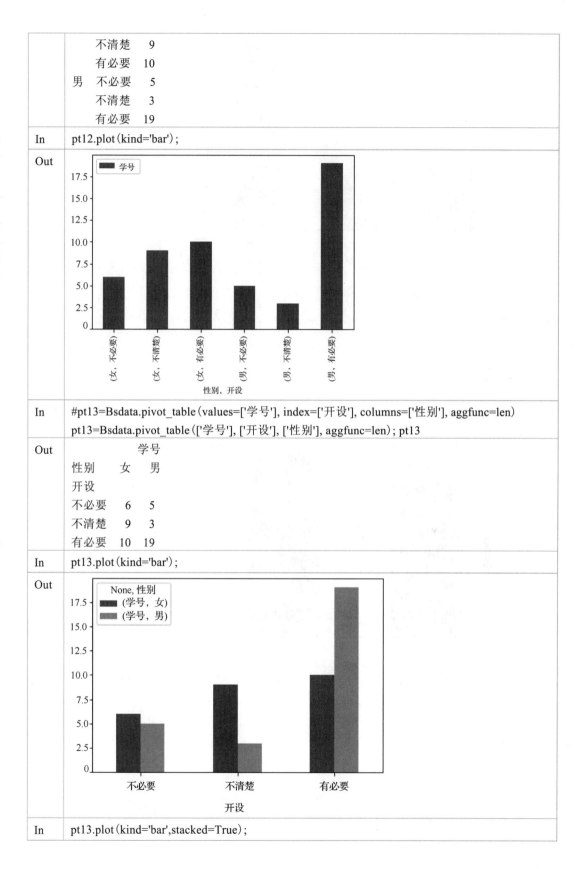

	不清楚	9
	有必要	10
男	不必要	5
	不清楚	3
	有必要	19

In	pt12.plot(kind='bar');
Out	

In	#pt13=Bsdata.pivot_table(values=['学号'], index=['开设'], columns=['性别'], aggfunc=len)
	pt13=Bsdata.pivot_table(['学号'], ['开设'], ['性别'], aggfunc=len); pt13

Out		学号	

性别	女	男
开设		
不必要	6	5
不清楚	9	3
有必要	10	19

In	pt13.plot(kind='bar');
Out	
In	pt13.plot(kind='bar',stacked=True);

<table>
<tr><td>Out</td><td>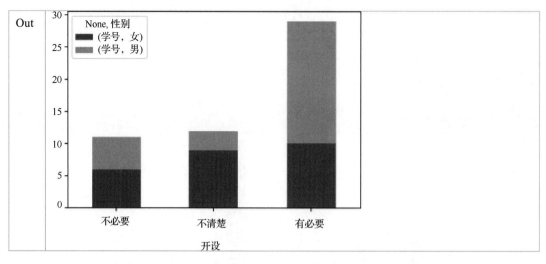</td></tr>
</table>

4.3.3.2 计量数据透视表与图

In	pt21=Bsdata.pivot_table(index=['性别'], values=["身高"], aggfunc=np.mean) pt21
Out	身高 性别 女　　165.3600 男　　171.4444
In	pt21.plot(kind='bar');
Out	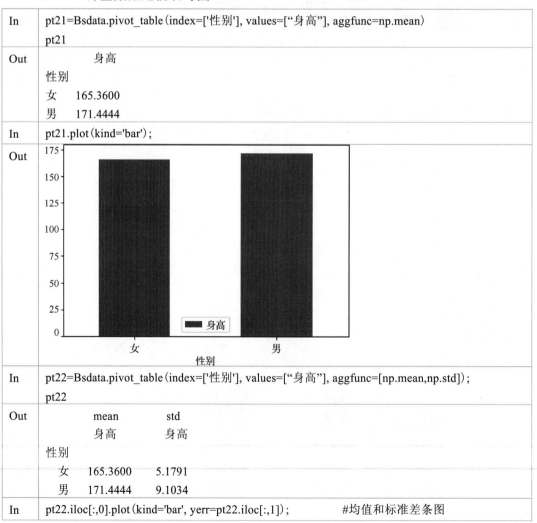
In	pt22=Bsdata.pivot_table(index=['性别'], values=["身高"], aggfunc=[np.mean,np.std]); pt22
Out	mean　　　　std 　　　　身高　　　　身高 性别 　女　　165.3600　　5.1791 　男　　171.4444　　9.1034
In	pt22.iloc[:,0].plot(kind='bar', yerr=pt22.iloc[:,1]);　　　　　　#均值和标准差条图

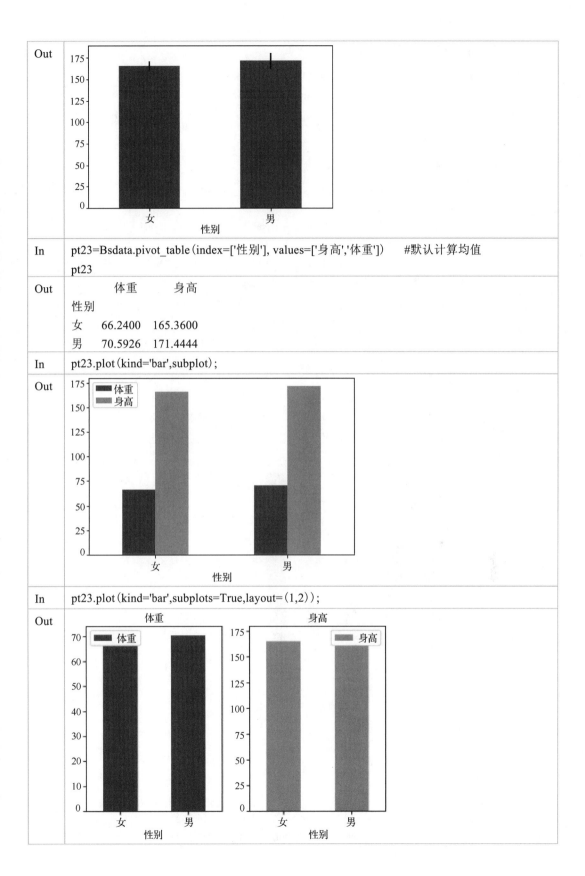

Out	 （条形图，纵轴0~175，横轴"性别"：女、男）
In	pt23=Bsdata.pivot_table(index=['性别'], values=['身高','体重'])　　#默认计算均值 pt23
Out	体重　　　身高 性别 女　　66.2400　165.3600 男　　70.5926　171.4444
In	pt23.plot(kind='bar',subplot);
Out	（条形图，图例：体重、身高，纵轴0~175，横轴"性别"：女、男）
In	pt23.plot(kind='bar',subplots=True,layout=(1,2));
Out	（两幅子图："体重"与"身高"，横轴"性别"：女、男）

4.3.3.3 复合数据透视表与图

In	Bsdata.pivot_table('学号', ['性别','开设'], '课程', aggfunc=len, margins=True, margins_name='合计');

Out	课程		概率统计	统计方法	编程技术	都学习过	都未学过	合计
	性别	开设						
	女	不必要	1.0	1.0	NaN	1.0	3.0	6
		不清楚	2.0	1.0	3.0	2.0	1.0	9
		有必要	NaN	5.0	3.0	2.0	NaN	10
	男	不必要	2.0	1.0	1.0	NaN	1.0	5
		不清楚	1.0	2.0	NaN	NaN	NaN	3
		有必要	5.0	5.0	3.0	5.0	1.0	19
	合计		11.0	15.0	10.0	10.0	6.0	52

	pt31=Bsdata.pivot_table('学号',['性别','开设'],'课程',aggfunc=len); pt31

	课程		概率统计	统计方法	编程技术	都学习过	都未学过
	性别	开设					
	女	不必要	1.0	1.0	NaN	1.0	3.0
		不清楚	2.0	1.0	3.0	2.0	1.0
		有必要	NaN	5.0	3.0	2.0	NaN
	男	不必要	2.0	1.0	1.0	NaN	1.0
		不清楚	1.0	2.0	NaN	NaN	NaN
		有必要	5.0	5.0	3.0	5.0	1.0

In	pt31.plot(kind='bar',stacked=True);

In	pt32=Bsdata.pivot_table(['身高','体重'],['性别','开设"], aggfunc=[len,np.mean,np.std]); pt32

Out			len		mean		std	
			体重	身高	体重	身高	体重	身高
	性别	开设						
	女	不必要	6	6	67.3333	165.1667	3.3267	2.7869
		不清楚	9	9	64.6667	164.5556	6.0000	6.5021
		有必要	10	10	67.0000	166.2000	5.3333	5.3083

男	不必要	5	5	79.2000	180.2000	4.4385	4.1473
	不清楚	3	3	72.6667	173.3333	5.0332	5.6862
	有必要	19	19	68.0000	168.8421	9.1652	9.1242

In	pt32.iloc[:,:2].plot(kind='bar');
Out	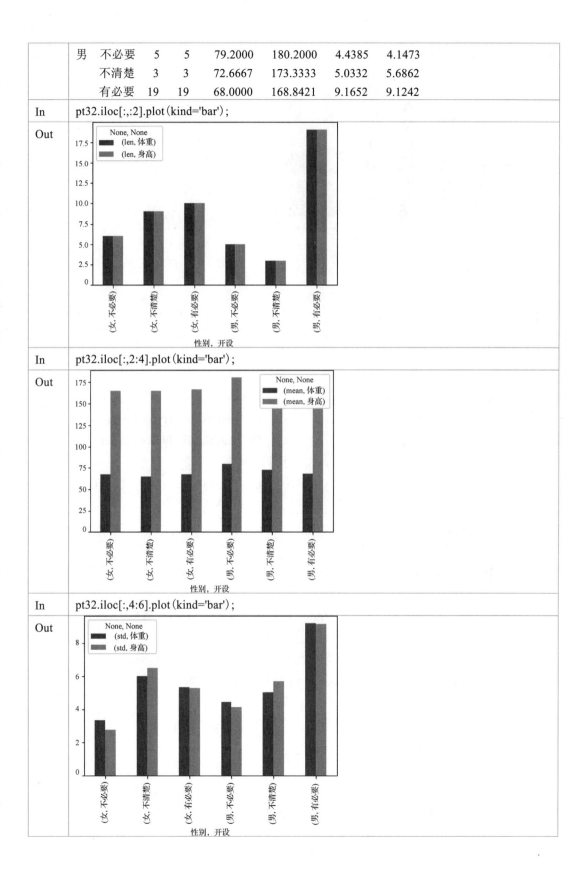
In	pt32.iloc[:,2:4].plot(kind='bar');
Out	
In	pt32.iloc[:,4:6].plot(kind='bar');
Out	

In	pt32.iloc[:,2].plot(kind='bar', yerr=pt32.iloc[:,4]);　　#基于性别和开设的体重标准差条图
Out	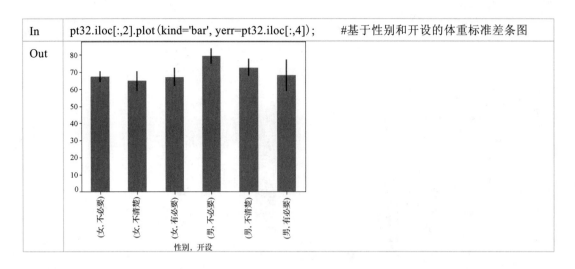

习题 4

一、选择题

1. 绘制散点图的函数是_____。

    A. matplotlib.pyplot.pie ()　　　　　　B. matplotlib.pyplot.bar ()

    C. matplotlib.pyplot.plot ()　　　　　　D. matplotlib.pyplot.scatter ()

2. 若要指定当前图形的 x 轴范围,以下代码正确的是_____。

    A. plt.xlim ()　　　　B. plt.ylim ()　　　　C. plt.xlabel ()　　　　D. plt.ylabel ()

3. 以下哪个代码表示添加图例?_____

    A. plt.legend ()　　　　B. plt.title ()　　　　C. plt.show ()　　　　D. plt.figure ()

4. 以下说法错误的是_____。

    A. lines.linewidth 表示线条宽度　　　　B. lines.linestyle 表示线条样式

    C. lines.marker 表示线条上点的形状　　D. lines.markersize 表示点的数量

5. 一般来说,numpy-matplotlib-pandas 是数据分析和展示的一条学习路径,以下哪个是对这三个库不正确的说明?_____

    A. pandas 仅支持一维和二维数据分析,多维数据分析要用 numpy

    B. matplotlib 支持多种数据展示,使用 pyplot 子库即可

    C. numpy 底层采用 C 实现,因此,运行速度很快

    D. pandas 也包含一些数据展示函数,可不用 matplotlib

6. 在二维表中,normalize='index'表示_____。

    A. 各数据占总和的比例　　　　　　　　B. 各数据占部分的比例

    C. 各数据占行的比例　　　　　　　　　D. 各数据占列的比例

7. 下面哪个函数可以将双变量分类数据整理成二维表形式?_____

    A. apply ()　　　　B. agg ()　　　　C. pivot_table ()　　　　D. crosstab ()

二、计算题

1. 调查数据。某公司对财务部门人员是否抽烟进行调查，结果为：否，否，否，是，是，否，否，是，否，是，否，否，是，是，否，是，否，否，是，是。

   (1)请用 value_count 函数统计人数，并绘制条图，按颜色区分是否。

   (2)请用自定义函数 tab 生成频数表和频数图。

2. 工资数据。上述企业财务部员工的月工资（单位：元）数据如下：2050，2100，2200，2300，2350，2450，2500，2700，2900，2850，3500，3800，2600，3000，3300，3200，4000，3100，4200，3500。

   (1)试用 mean、median、var、sd 函数求数据的均值、中位数、方差、标准差。

   (2)绘制该数据的散点图和直方图，应用 hist 函数构建自己的计量频数表函数。

   (3)请用自定义函数 freq 生成频数表和频数图。

3. 经理年薪。某沿海发达城市 2015 年 66 个年薪超过 10 万元的公司经理的收入（单位：万元）如下：11，19，14，22，14，28，13，81，12，43，11，16，31，16，23，42，22，26，17，22，13，27，108，16，43，82，14，11，51，76，28，66，29，14，14，65，37，16，37，35，39，27，14，17，13，38，28，40，85，32，25，26，16，120，54，40，18，27，16，14，33，29，77，50，19，34。

   (1)可以对这些薪酬的分布状况作何分析？

   (2)试通过编写计算基本统计量的函数来分析数据的集中趋势和离散程度。

   (3)试分析为何该数据的均值和中位数差别如此之大，方差、标准差在此有何作用？
      如何正确分析该数据的集中趋势和离散程度？

   (4)绘制该数据的散点图和直方图。

   (5)请用自定义函数 freq 生成频数表和频数图。

第5章 数据的直观分析及可视化

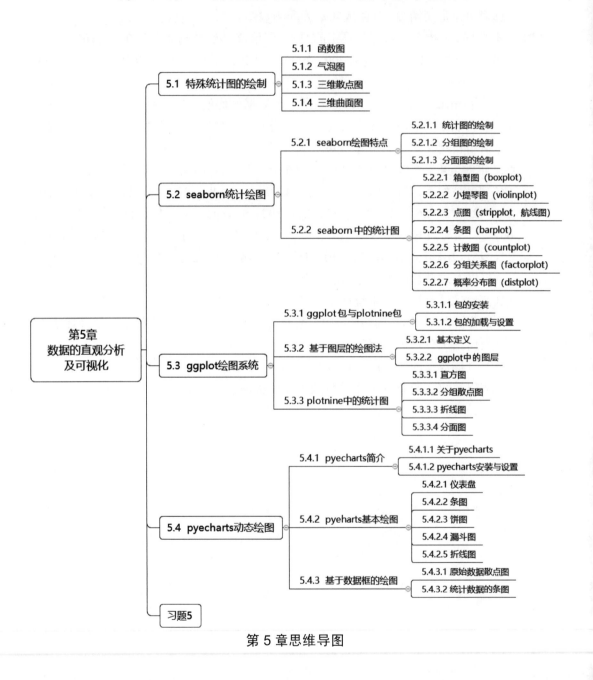

第 5 章思维导图

数据直观分析旨在借助于图形化手段，清晰有效地传达与沟通信息，但是，这并不意味着数据可视化就一定因为要实现其功能而令人感到枯燥乏味，或者为了看上去绚丽多彩而显得极端复杂。为了有效地传达思想观念，美学形式与功能需要齐头并进，通过直观地传达关键的方面与特征，来实现对于相当稀疏而又复杂的数据集的洞察。然而，设计人员往往并不能很好地把握设计与功能之间的平衡，从而设计出华而不实的数据可视化形式，无法达到其主要目的，也就是传达与沟通信息。

　　数据可视化与信息图形、信息可视化、科学可视化及统计图形密切相关。当前，在研究、教学和开发领域，数据可视化是一个极为活跃而又关键的方面。"数据可视化"这条术语实现了成熟的科学可视化领域与较年轻的信息可视化领域的统一。

5.1 特殊统计图的绘制

In	#基本设置	
	import numpy as np	#加载 numpy 包
	np.set_printoptions (precision=4)	#设置 numpy 输出为 4 位有效数
	%config InlineBackend.figure_format = 'retina'	#可提高图形显示的清晰度

5.1.1 函数图

（1）初等函数图

In	from math import pi	
	x=np.linspace (0,2*pi,30) ;x	#生成[0,2*pi]上的 30 个等差数列
Out	array([0. , 0.2167, 0.4333, 0.65 , 0.8666, 1.0833, 1.3 , 1.5166,	
	1.7333, 1.95 , 2.1666, 2.3833, 2.5999, 2.8166, 3.0333, 3.2499,	
	3.4666, 3.6832, 3.8999, 4.1166, 4.3332, 4.5499, 4.7666, 4.9832,	
	5.1999, 5.4165, 5.6332, 5.8499, 6.0665, 6.2832])	
	from numpy import sin,cos,log,exp	#调用 numpy 中的初等函数
	import matplotlib.pyplot as plt	#加载 matplotlib 包的绘图函数
	plt.plot (x,sin (x));	#正弦函数 y=sin (x)
In	plt.plot (x,cos(x));　　#余弦函数 y=cos (x)	

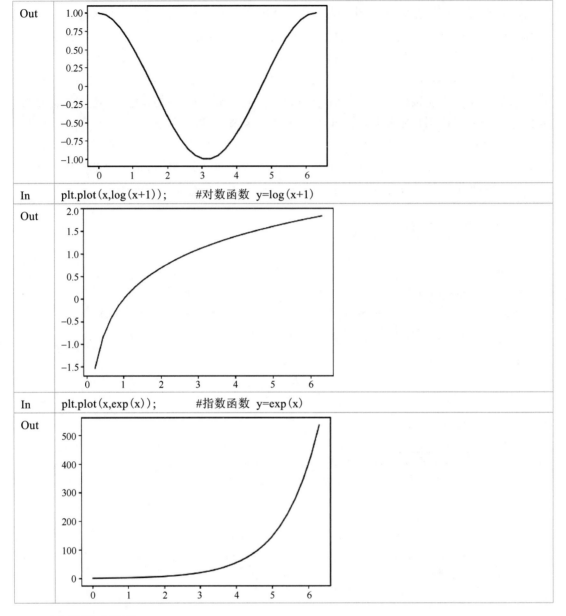

| In | plt.plot(x,log(x+1));   #对数函数 y=log(x+1) |

| In | plt.plot(x,exp(x));   #指数函数 y=exp(x) |

(2)椭圆函数图

根据函数式的基本绘图，直角坐标系下可使用参数方程：

$$\frac{x^2}{a^2}+\frac{y^2}{b^2}=1 \implies x=a\sin t, y=b\cos t \quad t\in[0,2\pi]$$

本例取 $a=2, b=3$。

| In | t=np.linspace(0,2*pi)
x=2*sin(t); y=3*cos(t)
plt.plot(x,y,c='red'); plt.axvline(x=0); plt.axhline(y=0);
plt.text(0.2,1,r'$\frac{x^2}{2^2}+\frac{y^2}{3^2}=1$',fontsize=15); |

Out	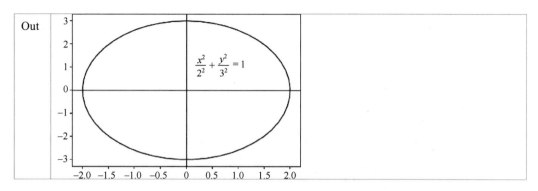

5.1.2 气泡图

气泡图可以看作三维散点图的二维形式，第三个变量表示点的大小。

In	x=np.linspace (–4,4,20) ; y=x**2; # y=x^2 抛物线 plt.scatter (x,y) ; #二维散点图
Out	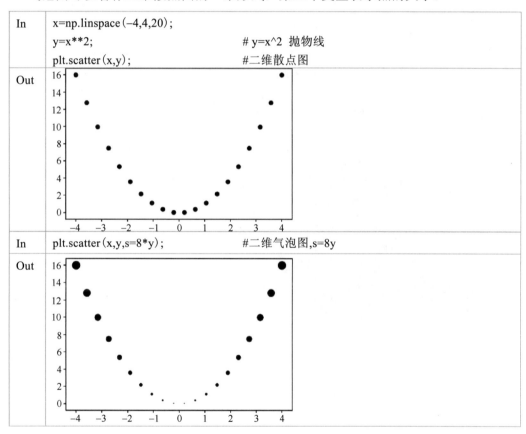
In	plt.scatter (x,y,s=8*y) ; #二维气泡图,s=8y
Out	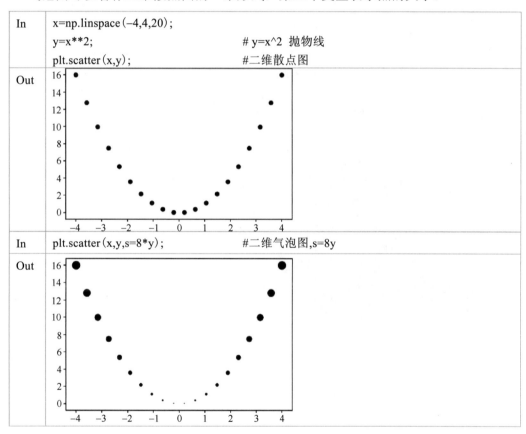

5.1.3 三维散点图

In	X, Y = np.meshgrid (x, x) #从坐标向量 x,y 中返回坐标矩阵
	Z = np.sin (np.sqrt (X**2 + Y**2)) #Z=sin (sqrt (X^2+Y^2))
	from mpl_toolkits.mplot3d import Axes3D
	fig = plt.figure ()
	Axes3D (fig) .scatter (X, Y, Z) ;

| Out | 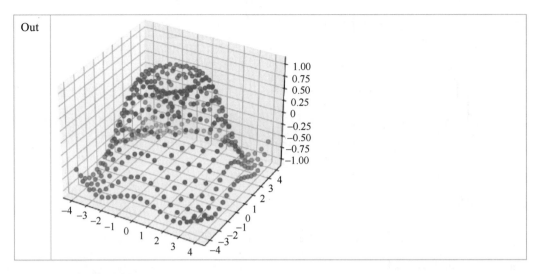 |

5.1.4 三维曲面图

| In | ```
from mpl_toolkits.mplot3d import Axes3D
fig = plt.figure()
Axes3D(fig).plot_surface(X, Y, Z);
``` |
| Out | 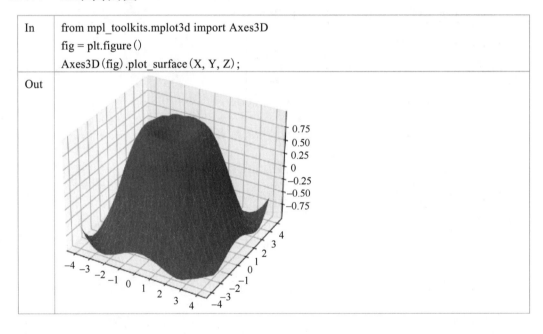 |

5.2 seaborn 统计绘图

　　seaborn 在 matplotlib 的基础上进行了更高级的 API 封装,准确地说它属于 matplotlib 的扩展包,从而使得绘制统计图更加容易,在大多数情况下,使用 seaborn 就能绘制相当具有吸引力的图,而使用 matplotlib 能绘制具有更多特色的图。应该把 seaborn 视为 matplotlib 的补充,而不是替代物。seaborn 主要是针对统计绘图的,较为方便。

　　一般来说,seaborn 能满足数据分析中 90% 的统计绘图需求。如果需要复杂的自定义图形,还是要用 matplotlib;如果需要绘制多个统计图,则需要参照 seaborn 的文档。这里简要介绍常用的图形及参数。
```

想要使用 seaborn，先要在系统上安装 seaborn 包，可在命令行安装：

```
> pip install seaborn
```

也可以直接在 Jupyter 中安装和加载 seaborn 包。

In	# !pip install seaborn
	import seaborn as sns #加载 seaborn 包

5.2.1 seaborn 绘图特点

5.2.1.1 统计图的绘制

seaborn 的主要功能是对分组数据进行统计图的绘制，分组绘图的时候，会对分组变量先用统计函数，后绘图，比如，先计算变量的均值，然后绘制该均值的直方图。统计绘图参数是 estimator，很多情况下默认为 numpy.mean。如果不适用统计绘图，就需要先用 pandas 进行 groupby 分组汇总，然后用 seaborn 绘图。

5.2.1.2 分组图的绘制

比如，需要在一张图上绘制两条曲线，分别是南方和北方的气温变化，用不同的颜色加以区分，这就是分组绘图。在 seaborn 中用 hue 参数控制分组绘图。

5.2.1.3 分面图的绘制

分面绘图其实就是在一张纸上划分不同的区域，比如，2×2 的子区域，在不同的子区域绘制不同的图形，在 matplotlib 中就是 subplot(2,2,1)，在 seaborn 中用 col 参数控制，col 的全称是 columns，不是 color，如果辅以 col_wrap 参数会更好。col 可以控制 columns 的子图，row 可以控制 rows 的子图排列。

分面图需使用 seaborn 的 FacetGrid 对象，seaborn 的一般绘图函数是没有"分面"这个参数的。

5.2.2 seaborn 中的统计图

(1)读取绘图用数据

In	import pandas as pd
	Bsdata=pd.read_excel('DaPy_data.xlsx','Bsdata'); #读取绘图用统计数据

(2)中文字段名时需设置字体类型

In	import matplotlib.pyplot as plt
	plt.rcParams['font.sans-serif']=['SimSun']; #设置中文字体为'宋体'

5.2.2.1 箱型图(boxplot)

In	import seaborn as sns
	sns.boxplot(x=Bsdata['身高']);

Out	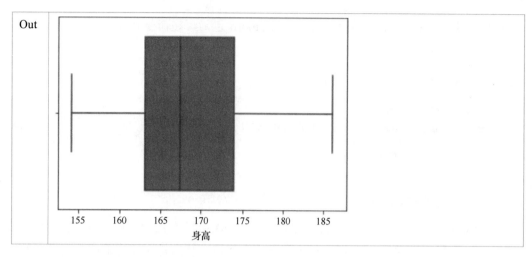

竖着放的箱型图，也就是将 x 换成 y。

In	sns.boxplot(y=Bsdata['身高']);
Out	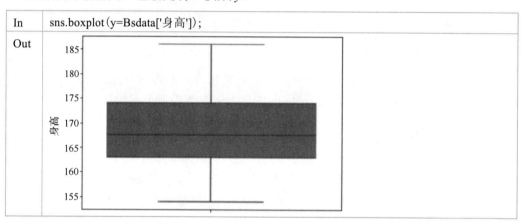

分组绘制箱型图，分组因子是"性别"，在 x 轴不同位置绘制。

In	sns.boxplot(x='性别', y='身高',data=Bsdata);
Out	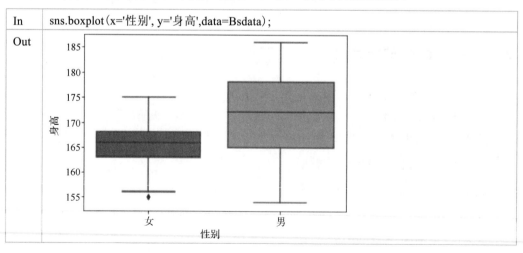

5.2.2.2 小提琴图（violinplot）

In	sns.violinplot(x='开设', y='支出', hue='性别', data=Bsdata)

Out	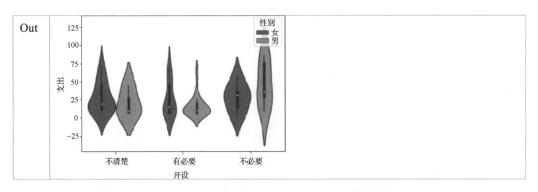

5.2.2.3 点图（stripplot，航线图）

In	sns.stripplot(x='性别', y='身高', data=Bsdata, jitter=True)
Out	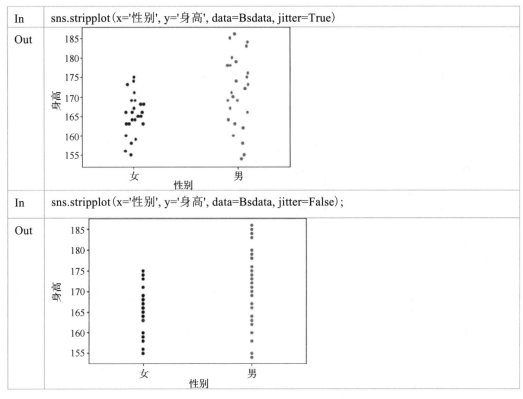
In	sns.stripplot(x='性别', y='身高', data=Bsdata, jitter=False);
Out	

5.2.2.4 条图（barplot）

In	sns.barplot(x='性别', y='身高', data=Bsdata);　　#不同性别身高均值和标准差图
Out	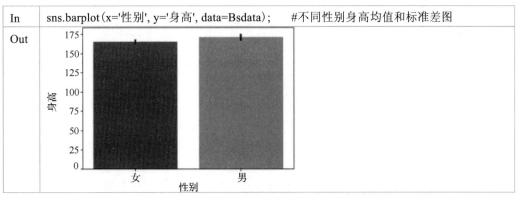

5.2.2.5 计数图（countplot）

In	sns.countplot(x='性别', hue='开设', data=Bsdata);
Out	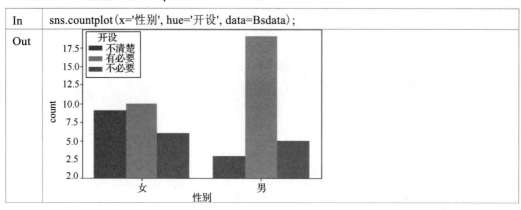

5.2.2.6 分组关系图（factorplot）

In	sns.factorplot(x='性别', col='开设', col_wrap=3, data=Bsdata, kind='count', size=2.5, aspect=.8)
Out	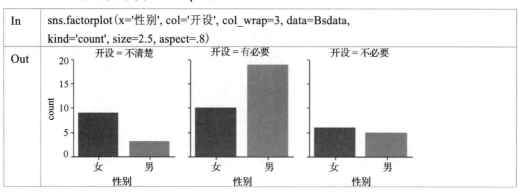

5.2.2.7 概率分布图（distplot）

概率分布图包括单变量核密度曲线、直方图、双变量与多变量的联合直方图和密度图。

针对单变量，可使用 seaborn 的 displot() 函数绘制概率分布图，它集合了 matplotlib 的 hist() 函数与核函数估计 kdeplot 的功能。参数 kde 控制是否画核密度估计曲线，bins 是分组数，rug 控制是否画样本点。

In	sns.distplot(Bsdata['身高'], kde=True, bins=20, rug=True);
Out	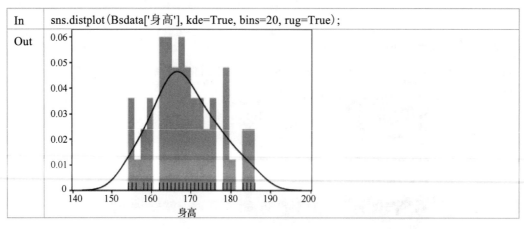

针对双变量，可使用 seaborn 中的 jointplot() 函数绘制概率分布图。

In	sns.jointplot(x='身高', y='体重', data=Bsdata);
Out	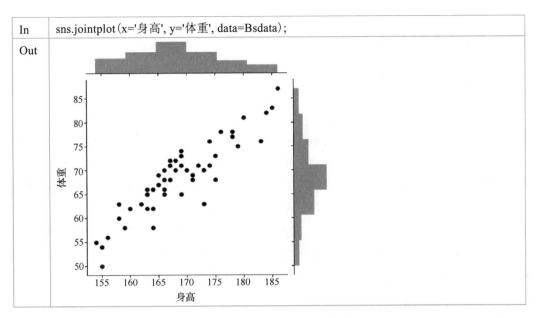

针对多个变量，可使用 seaborn 中的 pairplot()函数绘制概率分布图，默认对角线为直方图，非对角线为散点图。

In	sns.pairplot(Bsdata[['身高','体重','支出']]);　　#配对散点图
Out	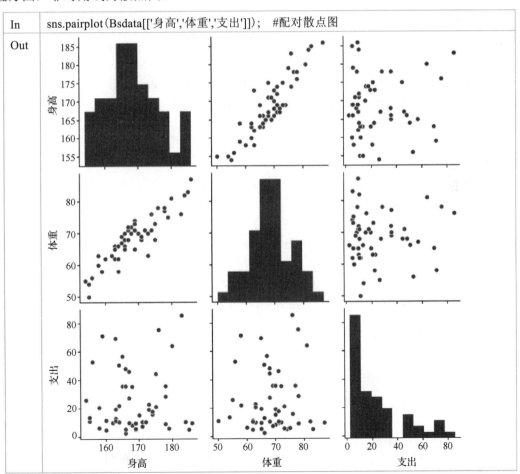

5.3 ggplot 绘图系统

5.3.1 ggplot 包与 plotnine 包

ggplot 是用于绘图的 Python 扩展包，其理念根植于 *Grammar of Graphics* 一书。它将绘图视为一种映射，即从数学空间映射到图形元素空间。例如，将不同的数值映射到不同的色彩或透明度。该绘图包的特点在于，并不去定义具体的图形(如直方图、散点图)，而是定义各种底层组件(如线条、方块)来合成复杂的图形，这使它能以非常简洁的函数构建各类图形，而且默认条件下的绘图品质就能达到出版要求。

对于从 R 迁移过来的用户来说，ggplot 和 plotnine 简直是福音，二者基本克隆了 ggplot2 包的所有语法，这两个绘图包的底层仍旧是 matplotlib。相对来说，plotnine 的效果更好，它基本移植了 ggplot2 中良好的配置语法和逻辑。

5.3.1.1 包的安装

使用 ggplot() 函数通常需要先安装 ggplot 包，可在当前系统中安装：

In	! pip install ggplot

或在命令行安装：

```
> pip install ggplot
```

也可使用 ggplot 的新包 plotnine，该包的优势是与 R 的 ggplot2 相对应，使用起来更方便，安装与 ggplot 一样，只需将 ggplot 换成 plotnine 即可：

In	! pip install plotnine

或在命令行安装：

```
> pip install plotnine
```

5.3.1.2 包的加载与设置

使用 ggplot() 或 plotnine() 函数需先加载或调用 ggplot 包或 plotnine 包，如果数据有中文，通常还需设置中文字体。

ggplot 提供一些已经写好的主题，比如，theme_grey() 为默认主题，笔者经常用的 theme_bw() 为白色背景的主题，还有 theme_classic() 主题，和 Python 的基础绘图函数类似。

In	from plotnine import * #加载 plotnine 所有方法
	theme_set(theme_bw(base_family='SimSun')); #设置图形主题背景为白色 bw、字体为宋体

5.3.2 基于图层的绘图法

5.3.2.1 基本定义

(1) 图层(Layer)

如果你用过 Photoshop，那么对于图层一定不会陌生。一个图层好比一张玻璃纸，包含各种图形元素，我们可以分别建立图层然后叠放在一起，组合成图形的最终效果。图层允许用户一步步地构建图形，方便单独对图层进行修改、增加统计量，甚至改动数据。

（2）标度（Scale）

标度是一种函数，它控制了数学空间到图形元素空间的映射。一组连续数据可以映射到 X 轴坐标，也可以映射到一组连续的渐变色彩。一组分类数据可以映射成不同的形状，也可以映射成不同的大小。

（3）坐标系统（Coordinate）

坐标系统控制了图形的坐标轴并影响所有图形元素，最常用的是直角坐标轴，坐标轴可以进行变换以满足不同的需要，如对数坐标。其他可选的还有极坐标轴。

（4）分面（Facet）

很多时候需要将数据按某种方法分组，分别绘图，分面就是控制分组绘图的方法和排列形式。

5.3.2.2 ggplot 中的图层

下面首先用一个例子展示 ggplot 绘图的功能。首先加载 ggplot()函数(from plotnine import *)，然后用 ggplot()定义第一层(数据来源)。其中 aes 参数非常关键，它将"身高"映射到 X 轴，将"体重"映射到 Y 轴，然后使用+号添加新的图层，比如，第二层加上点，第三层加上线。

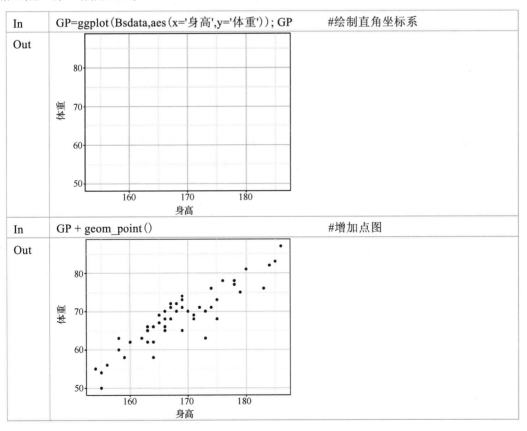

In	GP=ggplot(Bsdata,aes(x='身高',y='体重'));GP　　#绘制直角坐标系
Out	

In	GP + geom_point()　　　　　　　　　　　#增加点图
Out	

In	GP + geom_line()	#增加线图
Out		

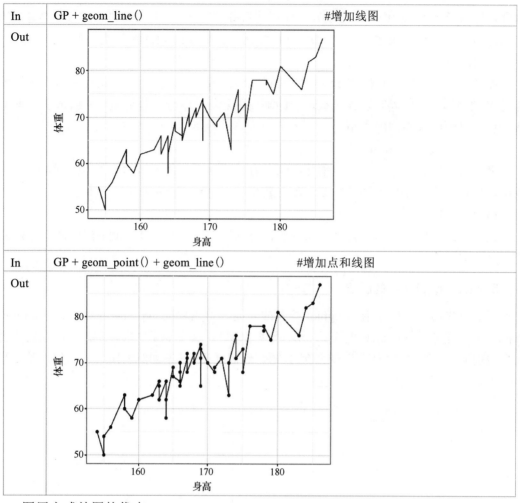

In	GP + geom_point() + geom_line()	#增加点和线图
Out		

图层方式绘图的优点：

用户可在更抽象层面上控制图形，使创造性绘图更容易；采用图层的设计方式，有利于结构化和流程式绘图思维；图形美观，且可避免烦琐的细节。

① 每个点都有自己图像上的属性，比如 x 坐标，y 坐标，点的大小、颜色和形状等，这些都称为 aesthetics，即图像上可观测到的属性，通过 aes 函数来赋值，如果不赋值，则采用 Python 的内置默认参数。

② geom 确定图像的 type，即几何特征，比如，用点还是用条等来绘制图形。

③ 关于变量问题，ggplot 函数中赋予的值是全局性质的，如果不希望全局生效，则放到后面"+"对应的图层中。

5.3.3 plotnine 中的统计图

5.3.3.1 直方图

In	ggplot(Bsdata,aes(x='身高')) + geom_histogram()

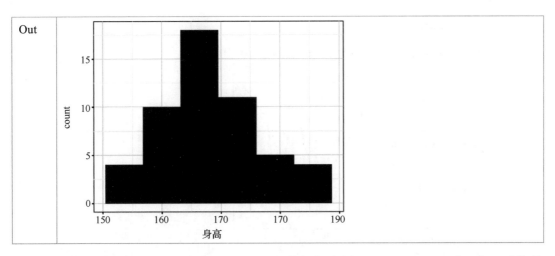

在 ggplot(Bsdata,aes(x='身高'))的基础上增加直方图 geom_histogram(),也可以像前面那样写成

```
GP = ggplot(Bsdata,aes(x='身高')); GP + geom_histogram()
```

5.3.3.2 分组散点图

在散点图上衍生一点,根据不同类型画不同记号(shape)或颜色(color),函数如下。

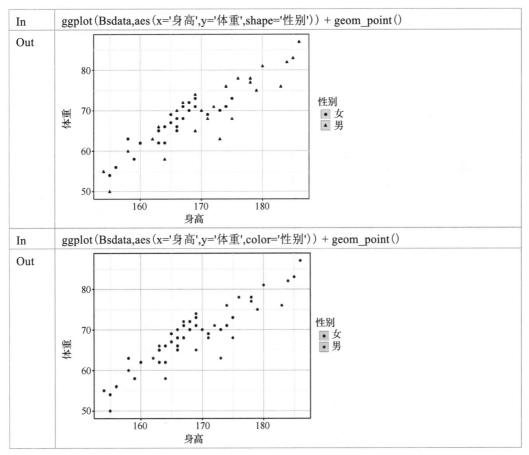

5.3.3.3 折线图

In	ggplot(Bsdata,aes(x='支出')) + geom_line(aes(y='身高'))
Out	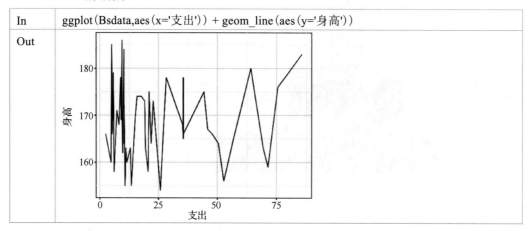

共用一个坐标，绘制不同的 y 值，只须将 y 的 data 赋值放到后面的 geom 语句中。

In	ggplot(Bsdata,aes(x='支出')) + geom_line(aes(y='身高')) + geom_line(aes(y='体重'))
Out	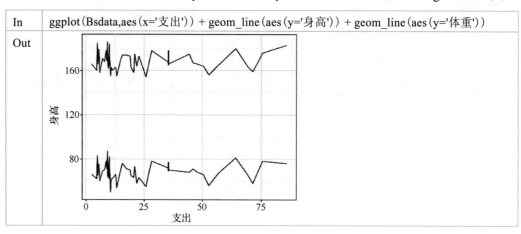

5.3.3.4 分面图

在 plotnine 中可使用 facet_wrap 参数分类绘制分面图。

In	ggplot(Bsdata,aes('身高','体重')) + geom_point() + facet_wrap('性别',nrow=1)
Out	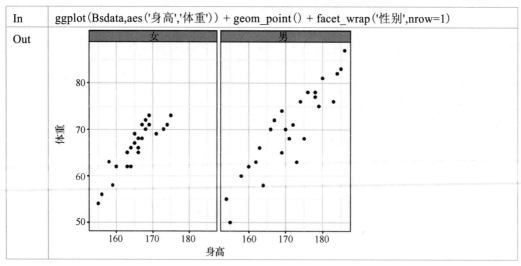

In	ggplot(Bsdata,aes('身高','体重')) + geom_point() + facet_wrap('性别',nrow=2)
Out	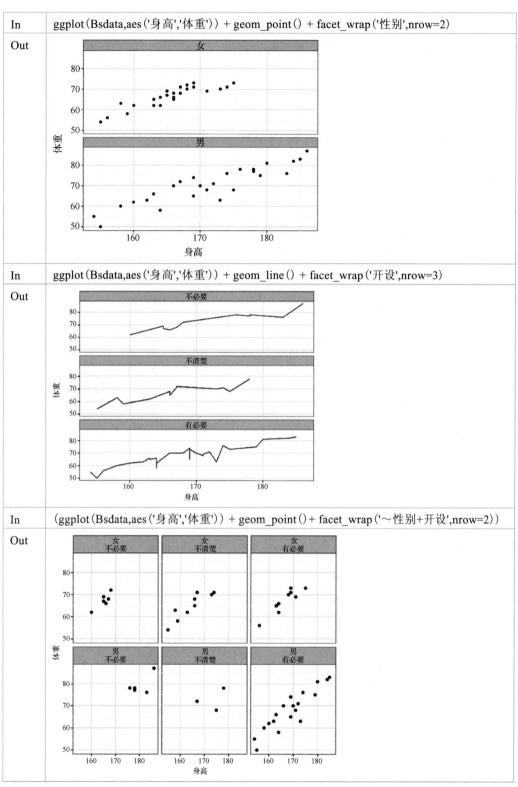
In	ggplot(Bsdata,aes('身高','体重')) + geom_line() + facet_wrap('开设',nrow=3)
Out	
In	(ggplot(Bsdata,aes('身高','体重')) + geom_point() + facet_wrap('～性别+开设',nrow=2))
Out	

注意: 代码有多行时,换行代码要用括号括起来执行。

5.4 pyecharts 动态绘图

5.4.1 pyecharts 简介

5.4.1.1 关于 pyecharts

pyecharts 是一款将 Python 与 Echarts 结合的强大的数据可视化工具，是开发网络可视化系统的首选。

pyecharts 是一个用于生成 Echarts 图表的类库。Echarts 是一个百度开源的数据可视化 JS 库。用 Echarts 生成的图可视化效果非常棒，为了与 Python 进行对接，可以很方便地在 Python 中直接使用数据生成图。

pyecharts 可以展示动态图，在线报告比较美观，并且展示数据方便，鼠标悬停在图上，即可显示数值、标签等。

pyecharts 简洁的 API 设计，使用流畅，支持链式调用。

pyecharts 囊括了 30 多种常见图表。支持主流 Jupyter 环境，如 Jupyter Notebook 和 Jupyter Lab。可轻松集成至 Flask、Sanic、Django 等主流 Web 框架。有高度灵活的配置项，可轻松绘制出精美的图表。提供详细的文档和示例，可帮助开发者更快地上手。

包含 400 多张地图文件，并且支持原生百度地图，为地理数据可视化提供强有力的支持。

5.4.1.2 pyecharts 安装与设置

(1) 安装包

使用 pyecharts 函数需先安装 pyecharts 包，可在当前系统中安装：

In	! pip install pyecharts

或在命令行安装：

```
> pip install pyecharts
```

(2) 使用设置[1]

In	import pyecharts.options as opts	#加载 pyecharts 选项
	figsize=opts.InitOpts(width='500px',height='360px')	#设置图形大小

5.4.2 pyecharts 基本绘图

用 render_notebook()在 Jupyter notebook 中绘制图形。直接使用 render 会生成本地

---

[1] #在 Jupyter Lab 中绘图需设置 pyecharts 全局显示参数：
from pyecharts.globals import CurrentConfig, NotebookType
CurrentConfig.NOTEBOOK_TYPE = NotebookType.JUPYTER_LAB

HTML 文件，默认在当前目录生成 render.html 文件，也可以传入路径参数，如 guage.render（"mycharts.html"），在 Jupyter 中显示图形需用 render_notebook（）函数。

5.4.2.1　仪表盘

In	from pyecharts.charts import Gauge　　#加载绘制仪表盘函数 Gauge #Guage（）.load_javascript（）　　　　#特别说明^① Gauge（）.add（""，[（"完成率"，66.6）]）.render_notebook（）
Out	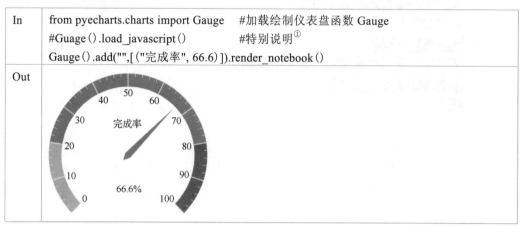

5.4.2.2　条图

In	#基本的 pyecharts 绘图是基于列表数据的
	X=['A','B','C','D','E','F','G']
	Y=[1,4,7,3,2,5,6]
	Z=[6,5,3,2,7,4,1]

In	from pyecharts.charts import Bar　　　　#加载 pyecharts 绘制条图（Bar）函数 bar1=Bar（figsize）　　　　　　　　　　#初始化条图 bar1.add_xaxis（X）.add_yaxis（"垂直条图"，Y） bar1.render_notebook（） #Bar（figsize）.add_xaxis（X）.add_yaxis（""，Y）.render_notebook（）　　#链式写法
Out	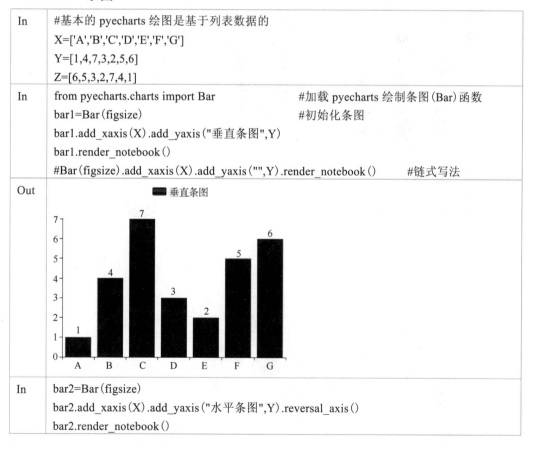
In	bar2=Bar（figsize） bar2.add_xaxis（X）.add_yaxis（"水平条图"，Y）.reversal_axis（） bar2.render_notebook（）

---

① 在 Jupyter Lab 中绘制任何图形前都需执行一次 JavaScript 脚本的代码，如在绘制仪表盘（Guage）前需执行 Gauge（）.load_javascript（），否则图形不能显示！

Out	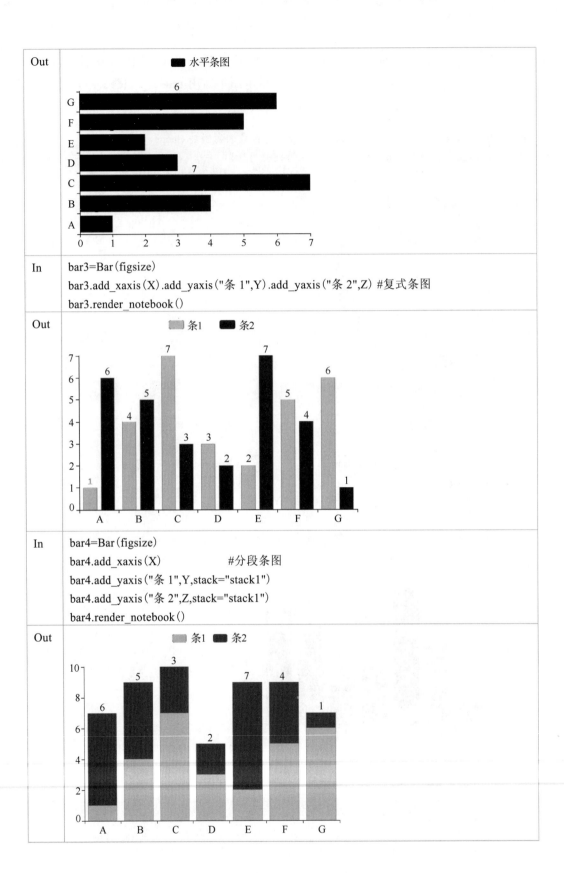

In	bar3=Bar (figsize)
	bar3.add_xaxis(X).add_yaxis("条 1",Y).add_yaxis("条 2",Z) #复式条图
	bar3.render_notebook()

Out	

In	bar4=Bar (figsize)
	bar4.add_xaxis(X) #分段条图
	bar4.add_yaxis("条 1",Y,stack="stack1")
	bar4.add_yaxis("条 2",Z,stack="stack1")
	bar4.render_notebook()

Out	

注意：pyecharts 有两种写法，可根据个人偏好选用。

(1) 单行调用，每行相当于一条语句，如前面的分段条图。

```
Bar4=Bar(figsize)
bar4.add_xaxis(X)
bar4.add_yaxis("条1",Y,stack="stack1")
bar4.add_yaxis("条2",Z,stack="stack1")
bar4.render_notebook()
```

(2) 链式调用，多行时较为方便，但多行时需用()括起形成一个链条。

```
(Bar(figsize)
    .add_xaxis(X)
    .add_yaxis("条1",Y,stack="stack1")
    .add_yaxis("条2",Z,stack="stack1")
    .render_notebook()
)
```

5.4.2.3 饼图

In	XY = [list(z) for z in zip(X,Y)];XY #形成饼图数据列表格式 #XY.sort(key=lambda x: x[1]);XY #数据从小到大排序
Out	[['A', 1], ['B', 4], ['C', 7], ['D', 3], ['E', 2], ['F', 5], ['G', 6]]

In	from pyecharts.charts import Pie #加载 pyecharts 绘制饼图(Pie)函数
	Pie(figsize).add("饼图",XY).render_notebook()

Out	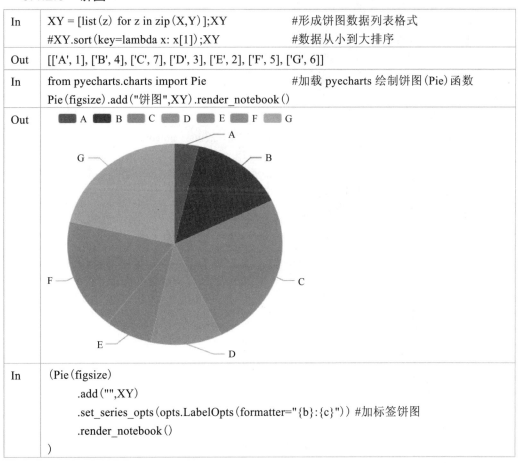

In	(Pie(figsize)
	  .add("",XY)
	  .set_series_opts(opts.LabelOpts(formatter="{b}:{c}")) #加标签饼图
	  .render_notebook()
	)

Out	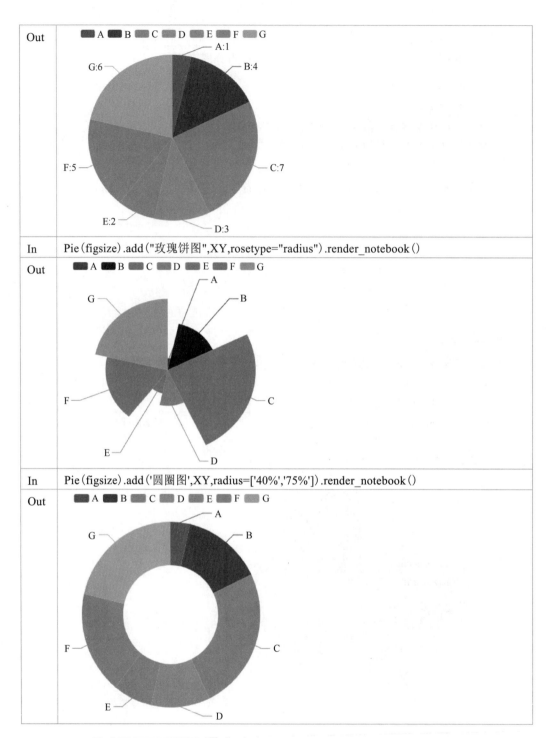
In	Pie（figsize）.add("玫瑰饼图",XY,rosetype="radius").render_notebook()
Out	
In	Pie（figsize）.add('圆圈图',XY,radius=['40%','75%']).render_notebook()
Out	

5.4.2.4 漏斗图

In	from pyecharts.charts import Funnel fun1=Funnel（figsize）fun1.add("漏斗图", XY) fun1.render_notebook() #Funnel（figsize）.add("漏斗图", XY).render_notebook()

Out	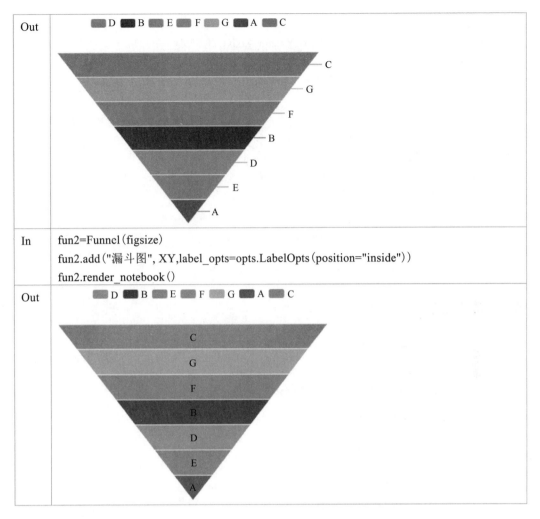
In	fun2=Funncl (figsize) fun2.add ("漏斗图", XY,label_opts=opts.LabelOpts (position="inside")) fun2.render_notebook ()
Out	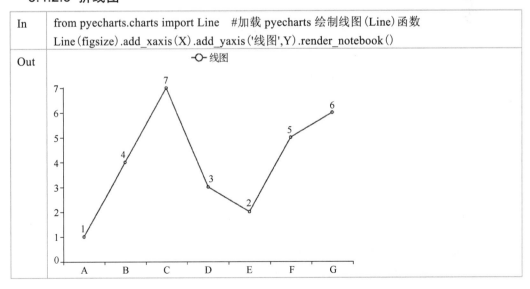

5.4.2.5 折线图

In	from pyecharts.charts import Line　#加载 pyecharts 绘制线图 (Line) 函数 Line (figsize) .add_xaxis (X) .add_yaxis ('线图',Y) .render_notebook ()
Out	

In	line2=Line(figsize) line2.add_xaxis(X).add_yaxis("线 1",Y).add_yaxis("线 2",Z) line2.render_notebook()
Out	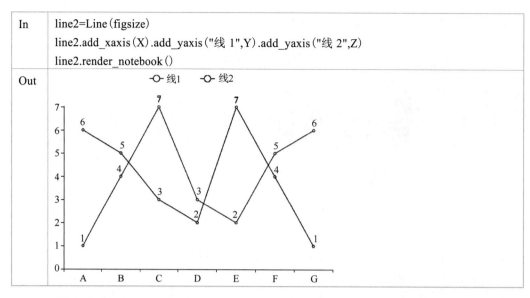

5.4.3 基于数据框的绘图

下面对 Bsdata 数据框数据使用 pyecharts 绘制一些统计图。

In	import pandas as pd BS=pd.read_excel('DaPy_data.xlsx','Bsdata');

5.4.3.1 原始数据散点图

In	from pyecharts.charts import Scatter scatter1=Scatter(figsize) scatter1.add_xaxis(BS.身高).add_yaxis("",BS.体重) scatter1.render_notebook() #默认散点图的 x 轴和 y 轴从 0 开始
Out	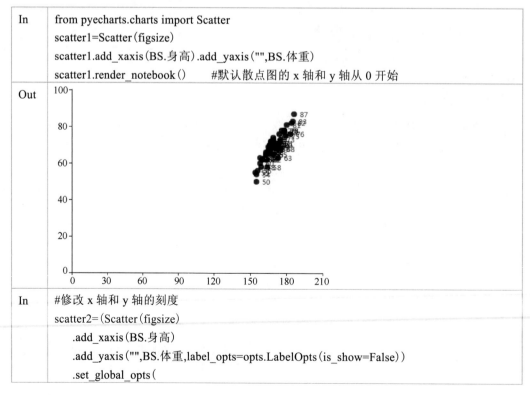

In	#修改 x 轴和 y 轴的刻度
	scatter2=(Scatter(figsize)
	    .add_xaxis(BS.身高)
	    .add_yaxis("",BS.体重,label_opts=opts.LabelOpts(is_show=False))
	    .set_global_opts(

	xaxis_opts=opts.AxisOpts(min_=150),　　#x 轴最小 150
	yaxis_opts=opts.AxisOpts(min_=40)　　#y 轴最小 40
	)
	)
	scatter2.render_notebook()
Out	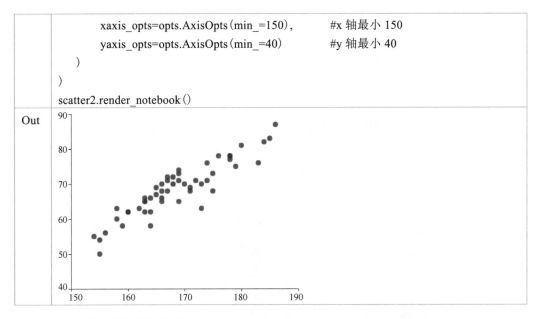

5.4.3.2　统计数据的条图

基本的 pyecharts 绘图是基于列表数据的，通常需将统计结果数据换成列表。

In	pt1=BS.pivot_table(index=['性别'], values=['学号'], aggfunc=len);
Out	学号
	性别
	女　　　25
	男　　　27
	from pyecharts.charts import Bar
	(Bar(figsize)
	.add_xaxis(list(pt1.index))
	.add_yaxis("性别统计图",list(pt1.学号))
	.render_notebook()
	)
Out	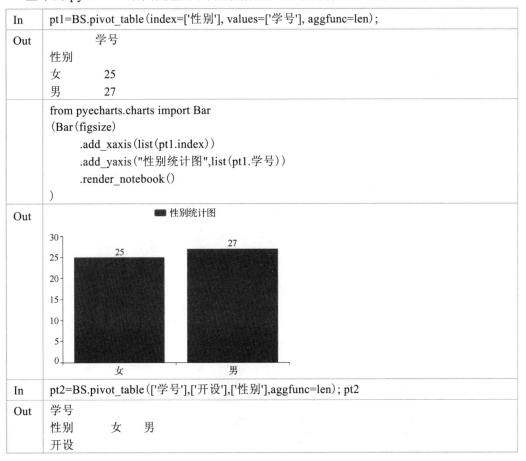
In	pt2=BS.pivot_table(['学号'],['开设'],['性别'],aggfunc=len); pt2
Out	学号
	性别　　　女　　男
	开设

	不必要　　6　　5 不清楚　　9　　3 有必要　　10　　19
In	(Bar(figsize) 　　.add_xaxis(list(pt2.index)) 　　.add_yaxis("女",list(pt2.学号.女)) 　　.add_yaxis("男",list(pt2.学号.男)) 　　.render_notebook())
Out	
In	pt3=BS.pivot_table(["支出"],['开设'],aggfunc={np.mean,np.std}); pt3=pt3.round(2);pt3　　#pt3['支出']['mean']
Out	支出 mean std 开设 不必要　　36.68　　26.47 不清楚　　26.29　　20.87 有必要　　19.16　　18.06
In	(Bar(figsize) 　　.add_xaxis(list(pt3.index)) 　　.add_yaxis("均值",list(pt3['支出']['mean']))　　#list(pt3.iloc[:,0]) 　　.add_yaxis("标准差",list(pt3['支出']['std'])) 　　.render_notebook())
Out	

需要说明的是，pyecharts 包在绘制动态图形和开发网页类系统时非常有用，绘制一般的统计图代码量还是较大的。网上有一个基于数据框的 pyecharts 包 eplot，但还不成熟，有兴趣的读者可上网看看。

习题 5

一、选择题

1. 以下哪个选项可以创建一个范围在$(0,1)$之间，长度为 12 的等差数列？ _____
   A. np.linspace$(0,1,12)$　　　　B. np.random$(0,1,12)$
   C. np.linspace$(0,12,1)$　　　　D. np.randint$(0,12,1)$

2. 下列语句中 pyplot 是什么含义？ _____

   ```
   Import matplotlib.pyplot as plt
   ```

   A. matplotlib 的类　　　　　　B. matplotlib 的子函数
   C. matplotlib 的方法　　　　　D. matplotlib 的子库

3. seaborn.violinplot() 函数绘制的图是_____。
   A. 点图　　B. 小提琴图　　　C. 条图　　　　D.计数图

4. 命令 from ggplot import * 的含义是_____。
   A. 加载 ggplot 所有方法　　　　B. 调用 ggplot 所有方法
   C. 加载和调用 ggplot 所有方法　D. 没有任何作用

5. 下面哪个对 matplotlib 库的描述不正确？ _____
   A. matplotlib 是 Python 第三方数据展示库
   B. matplotlib 库是基于 numpy 库设计实现的
   C. matplotlib.pyplot 是绘图的一种快捷方式
   D. matplotlib 库展示的数据图无法输出为文件

6. plt.text() 函数的作用是什么？ _____
   A. 给坐标轴增加题注　　　　　B. 给坐标系增加标题
   C. 给坐标轴增加文本标签　　　D. 在任意位置增加文本

7. 使用哪个函数可以给坐标系增加横轴标签？ _____
   A. plt.label(y,'标签')　　　　B. plt.label(x,'标签')
   C. plt.xlabel('标签')　　　　　D. plt.ylabel('标签')

8. 下列语句将绘制什么内容？ _____

   ```
   Import matplotlib.pyplot as plt
   x = [4, 9, 2, 1, 8, 5]
   plt.plot(x) ;plt.show()
   ```

   A. 一条以 x 对应值为横坐标，以 0 到 5 为纵坐标的线

B．一条以 0 到 5 为横坐标，以 x 对应值为纵坐标的线

C．一条以 x 对应值为横坐标的散点

D．一条以 x 对应值为纵坐标的散点

二、分析题

1. 试说明 ggplot 绘图系统的优点和缺点；试述本章介绍的三种绘图系统(matplotlib，seaborn 和 ggplot)的特点。

2. 对一组 50 人的饮酒者所饮酒类进行调查，把饮酒者按红酒(1)、白酒(2)、黄酒(3)、啤酒(4)分成四类。调查数据如下：3，4，1，1，3，4，3，3，1，3，2，1，2，1，3，4，1，1，3，4，3，3，1，3，2， 1，2，1，2，3，2，3，1，1，1，1，4，3，1，2，3，2，3，1，1，1，1，4，3，1。

   请用 matplotlib，seaborn 和 ggplot 三种绘图系统绘制频数分布图和统计图。

3. Economics 数据集[①]给出了美国经济增长变化的数据。该数据是数据框格式，由 478 行和 6 个变量组成，变量如下。

   Date：日期，单位为月份；

   psavert：个人存款率；

   pce：个人消费支出，单位为十亿美元；

   uemploy：失业人数，单位为千人；

   unempmed：失业时间中位数，单位为周；

   pop：人口数，单位为千人。

   请用 matplotlib，seaborn 和 ggplot 三种绘图系统绘制：

   (1) 以 date 为横坐标、unemploy/pop 为纵坐标绘制折线图；

   (2) 以 date 为横坐标、unempmed 为纵坐标绘制折线图。

---

① 数据来自 Python 数据包 pydataset，使用步骤如下，全书同。

```
#!pip install pydataset                  #安装 Python 数据包
from pydataset import data               #加载数据包
data()                                   #查看可用数据表
economics = data('economics')            #调用数据表
data('economics',show_doc=True)          #显示数据表的属性
```

第6章　数据的统计分析及可视化

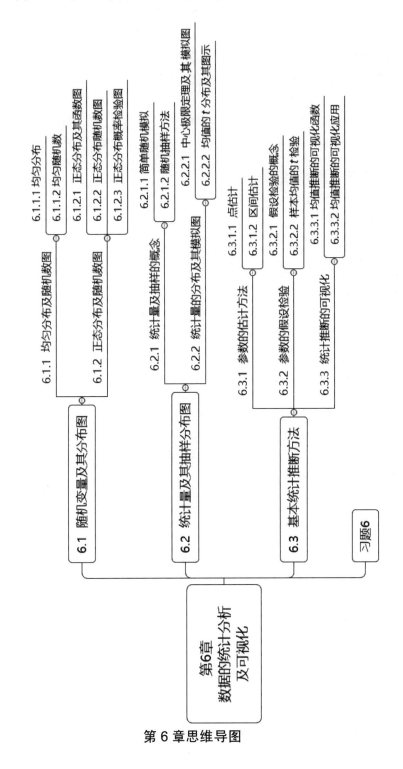

第6章思维导图

6.1 随机变量及其分布图

随机变量的概率分布对现实世界的数据分析和建模发挥着重要的作用。有时,理论分布与收集到的某过程的历史数据十分贴近;有时,可以对某过程的基本特性先做先验性判断,然后不需要收集数据就可以选出合适的理论分布。在这两种情况下,均可用理论分布来回答现实中所遇到的问题,也可以从分布中生成一些随机数来模拟现实的行为。

随机变量及其分布虽然不是数据处理的重点,但通过这些学习可以进一步掌握数据分析的编程技巧,为下一步的统计推断和统计建模打下基础。

6.1.1 均匀分布及随机数图

6.1.1.1 均匀分布

这里均匀分布(uniform distribution)指随机点落在区间$[a,b]$内任一点的机会是均等的,从而在相等的小区间上的概率相等,即在任一区间$[a,b]$上,随机变量X的概率密度函数为一常数。

$$Y=p(x)=1/(b-a), \quad a \leqslant x \leqslant b$$

下面是均匀分布的概率密度函数图。

In	import numpy as np	#加载 numpy 包
	np.set_printoptions(precision=4)	#设置 numpy 输出为 4 位有效数
In	a=0;b=1;n=20	# n 表示在[a,b]中生成 n 个点
	x=np.linspace(a,b,n)	# [a,b]中 n 个等差数据
	y=np.ones(n)/(b-a);y	# y=1/(b-a)
Out	array([1.,1.,1.,1.,1.,1.,1.,1.,1.,1.,1.,1.,1.,1.,1.,1.,1.,1.,1.,1.])	
In	import matplotlib.pyplot as plt	
	plt.plot(x,y);plt.ylim(0,1.5);plt.stem(x,y);	
Out	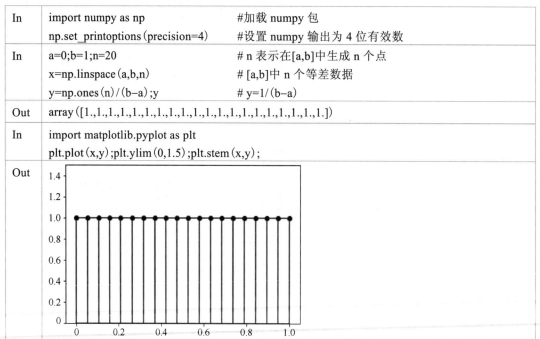	

6.1.1.2 均匀随机数

均匀随机数(简称随机数,random)指的是计算机每次生成的数应该都是不一样的,是根据均匀分布原理产生的随机数，是随机抽样和随机模拟的基础，numpy 有两个等价函数(rand, uniform)可产生一个或一组均匀随机数。

(1)生成一个均匀随机数

In	np.random.rand(1)	#生成[0,1]上的一个随机数:random.uniform(0,1,1)
Out	array([0.8922])	

(2)生成一组随机数及图示

In	np.random.seed(123)	#设置种子数 seed 可重复结果,可任意设置
	R=np.random.rand(1000);R[:10]	#[0,1]上的 1000 个随机数
Out	array([0.6965,0.2861,0.2269,0.5513,0.7195,0.4231,0.9808,0.6848,0.4809,0.3921])	
In	plt.plot(R,'.');	
Out	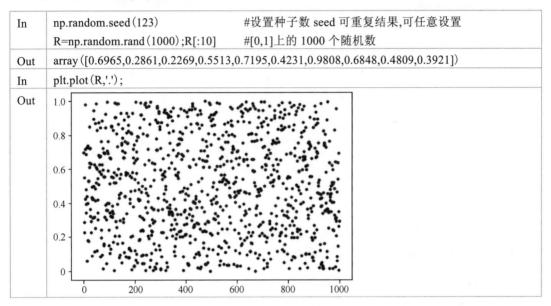	

6.1.2 正态分布及随机数图

6.1.2.1 正态分布及其函数图

正态分布(normal distribution)是统计分析的最主要分布。正态分布是古典统计学的核心，它有两个参数：位置参数 μ(均值)和尺度参数 σ(标准差)。正态分布的图形如倒立的钟，且分布对称。现实生活中，很多变量的分布是服从正态分布的，如人的身高、体重和智商 IQ 等。

① 密度函数：正态分布的概率密度函数有如下形式。

$$p(x) = \frac{1}{\sqrt{2\pi}\sigma} e^{-\frac{(x-\mu)^2}{2\sigma^2}}$$

式中，$-\infty < x < \infty$。该函数图形是对称的钟形曲线，常称为正态曲线。

② 分布函数：正态分布有两个参数 μ 和 σ，记为 $x \sim N(\mu, \sigma^2)$。

③ 均值：$E(x) = \mu$。

④ 方差：$\mathrm{Var}(x) = \sigma^2$。

⑤ 标准差：σ。

可用正态化变换(也称标准化变换) $z = (x-\mu)/\sigma$ 将一般正态分布 $x \sim N(\mu, \sigma^2)$ 转换为标准正

态分布 $z \sim N(0,1)$。

标准正态分布的概率密度函数为 $p(z) = \dfrac{1}{\sqrt{2\pi}} e^{-\frac{z^2}{2}}$。

(1) 标准正态分布曲线

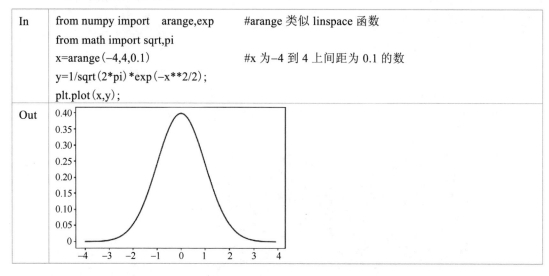

In	from numpy import arange,exp #arange 类似 linspace 函数
	from math import sqrt,pi
	x=arange(−4,4,0.1) #x 为−4 到 4 上间距为 0.1 的数
	y=1/sqrt(2*pi)*exp(−x**2/2);
	plt.plot(x,y);

(2) 标准正态分布的取值 (pdf) 及分位数 (ppf) 计算

标准正态分布的取值即求 $p(z)$ 的值 (pdf)。

In	import scipy.stats as st #加载统计方法包
	p_z=st.norm.pdf(−2);p_z #p(z)=1/sqrt(2*pi)*exp(−z**2/2);

Out	0.05399096651318806

标准正态分布的 α 分位数 (ppf) 是这样一个数，其左侧面积恰好为 α，其右侧面积恰好为 $1-\alpha$。分位数 z_α 是满足下列等式的实数：

$$P(z \leq z_\alpha) = \alpha \ \text{且} \ z_{0.5} = 0, \ z_\alpha = -z_{1-\alpha}$$

已知标准正态分布累积概率 $P(|z| \leq \alpha) = 0.95$，求对应的分位数 z_a。

In	za=st.norm.ppf(0.95);za #单侧
Out	1.6448536269514722
In	[st.norm.ppf(0.025),st.norm.ppf(0.975)] #双侧
Out	[−1.9599639845400545, 1.959963984540054]

(3) 标准正态分布的概率计算

求标准正态分布 $P(z \leq 1.645)$ 的累积概率 (cdf)，即分布曲线下的尾部面积。

In	p=st.norm.cdf(1.645);p #标准正态分布曲线下的面积：p=P(z≤1.645)的累积概率
Out	0.9500150944608786

下面编写一个计算标准正态曲线下面积的函数。

In	#标准正态曲线下[a,b]上计算概率的面积图
	def norm_p(a,b):
	x=np.arange(-4,4,0.1)
	y=st.norm.pdf(x)
	x1=x[(a<=x) & (x<=b)];x1
	y1=y[(a<=x) & (x<=b)];y1
	p=st.norm.cdf(b)-st.norm.cdf(a);
	print(" N(0,1)分布: [%3.2f,%3.2f] p=%5.4f"%(a,b,p))
	plt.plot(x,y); #plt.text(-0.7,0.2,"p=%5.4f"%p,fontsize=15);
	plt.hlines(0,-4,4); plt.vlines(x1,0,y1,colors='r');

	norm_p(-4,-2) # p=P(z≤2)=0.27%

N(0, 1)分布: [-4.00, -2.00] $p = 0.0227$

	norm_p(-2,2) # p=P(-2≤z≤2)=95.45%

N(0, 1)分布: [-2.00, 2.00] $p = 0.9545$

In	norm_p(-1.96,1.96) # p=P(-1.96≤z≤1.96)=95%
Out	

N(0, 1)分布: [-1.96, 1.96] $p = 0.9500$

6.1.2.2　正态分布随机数图

一般正态分布随机数的生成函数是 random.normal（mean=0, sd=1,n），其中，n 表示生成的随机数个数（或正态随机样本数），mean 是正态分布的均值，sd 是正态分布的标准差。

（1）标准正态随机数及其分布图

In	np.random.normal（0,1,5）	#生成 5 个标准正态分布随机数
Out	array（[0.6524,　0.1785,　0.3304,　−1.0914,　1.1132]）	

注意：在 numpy 中使用 random.seed（*）设置种子数可使随机结果可重复，下同。

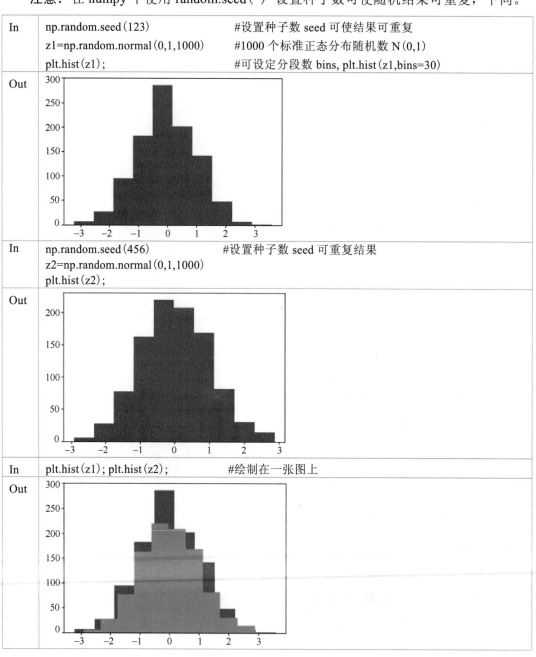

In	np.random.seed（123） z1=np.random.normal（0,1,1000） plt.hist（z1）;	#设置种子数 seed 可使结果可重复 #1000 个标准正态分布随机数 N（0,1） #可设定分段数 bins, plt.hist（z1,bins=30）
Out		
In	np.random.seed（456） z2=np.random.normal（0,1,1000） plt.hist（z2）;	#设置种子数 seed 可重复结果
Out		
In	plt.hist（z1）; plt.hist（z2）;	#绘制在一张图上
Out		

In	#一页绘制两个正态分布随机图
	plt.subplot(121);plt.hist(z1);
	plt.subplot(122);plt.hist(z2);
Out	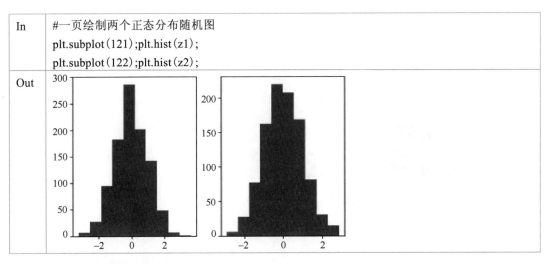

下面根据数据框绘制直方图。

In	import pandas as pd
	z12=pd.DataFrame({'z1':z1,'z2':z2}); z12　　　　　#构建数据框
Out			z1	z2
---	---	---
0	-1.085631	-0.668129
1	0.997345	-0.498210
2	0.282978	0.618576
3	-1.506295	0.568692
4	-0.578600	1.350509
...	...	...
995	0.634763	2.591205
996	1.069919	-0.468390
997	-0.909327	0.898201
998	0.470264	-0.669727
999	-1.111430	0.019731

1000 rows × 2 columns |

In	Z12.plot(kind='hist');
Out	

In	z12.plot(kind='hist',subplots=True,layout=(1,2));
Out	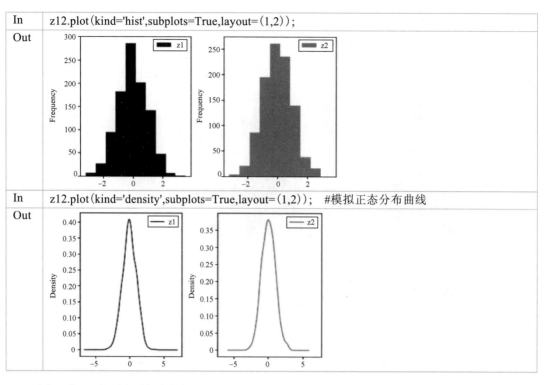
In	z12.plot(kind='density',subplots=True,layout=(1,2)); #模拟正态分布曲线
Out	

(2)一般正态随机数及其分布图

下面模拟生成一般正态分布随机数，比如，生成 50 个均值为 170cm、标准差为 10cm 的人群身高正态分布随机数。

In	np.random.seed(12) #设置种子数 seed 可重复结果
	X=np.random.normal(170,10,100); X.round(1)

Out	array([175., 163., 172., 153., 178., 155., 170., 169., 162., 199., 164., 175., 181., 158., 183., 169., 180., 161., 160., 182., 175., 171., 176., 175., 158., 148., 153., 152., 148., 164., 165., 170., 172., 166., 167., 171., 160., 163., 170., 163., 164., 169., 183., 173., 167., 164., 169., 192., 139., 175., 172., 179., 159., 191., 180., 169., 172., 163., 171., 169., 179., 174., 169., 177., 176., 172., 155., 180., 158., 160., 169., 175., 184., 153., 185., 186., 165., 168., 164., 164., 157., 153., 168., 173., 188., 160., 149., 171., 165., 174., 166., 157., 163., 178., 173., 160., 179., 156., 165.,172.])
In	import seaborn as sns sns.distplot(X);
Out	

(3)非正态随机数及其分布图

正态分布只有一种对称分布,而非正态分布有很多种,如各种偏态分布和非对称分布。比较常用的有对数正态分布、指数分布和卡方分布等。

下面的对数正态分布(lognormal distribution,即数据取对数为正态分布的分布)就是一种典型的偏态分布,如收入和支出的分布,下面模拟对数正态随机数及其分布图的绘制和检验。

假设 Y 是对数分布随机数,那么 $Z=\log(Y)$ 就是正态分布随机数。

In	np.random.seed(15) #设置种子数 seed 可重复结果
	Y=np.random.lognormal(0,1,1000);Y[:15]
Out	array([0.7317, 1.4039, 0.8556, 0.6054, 1.2656, 0.1714, 0.3343, 0.337 ,
	0.737 , 0.6227, 0.8182, 1.4265, 1.9928, 1.5077, 0.5684])
In	sns.distplot(Y);

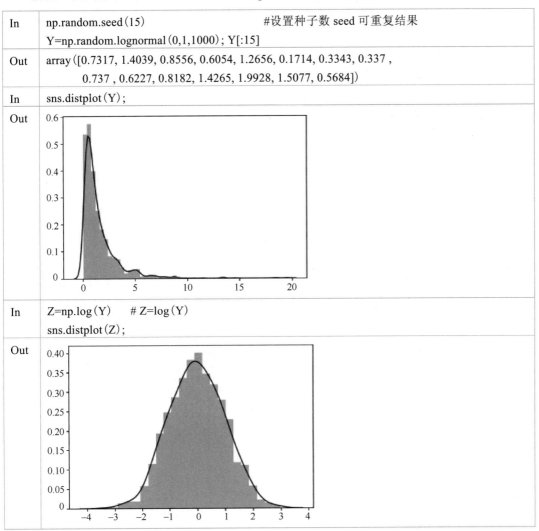

In	Z=np.log(Y) # Z=log(Y)
	sns.distplot(Z);

6.1.2.3　正态分布概率检验图

正态分布概率检验图展示的是样本的累积频率分布与理论正态分布的累积概率分布之间的关系,即以标准正态分布的分位数为横坐标、以样本顺序值为纵坐标的散点图。利用正态分布概率检验图判别样本数据是否近似于正态分布,只须看图上的点是否近似地在一条直线附近。如果图中各点为直线或接近直线,则样本的正态分布假设可以接受。

In	`import scipy.stats as st    #加载科学计算包 scipy 的统计功能` `st.probplot(X,plot=plt);`
Out	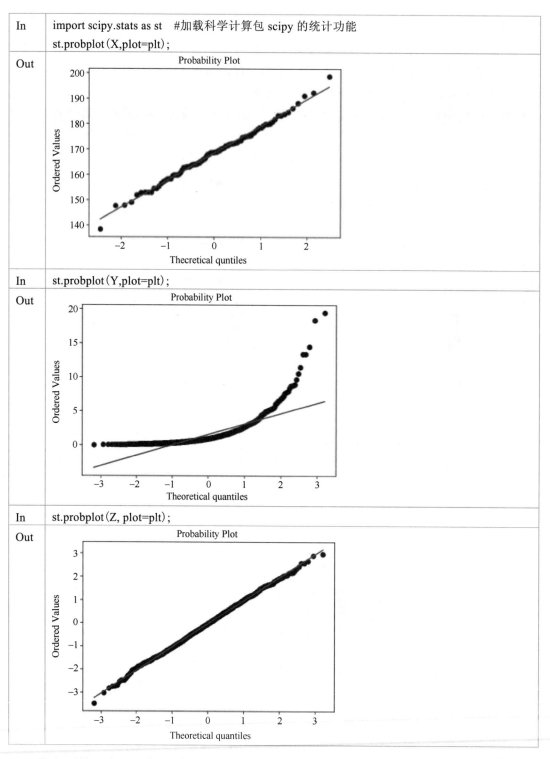
In	`st.probplot(Y,plot=plt);`
Out	
In	`st.probplot(Z, plot=plt);`
Out	

从上面的正态分布概率检验图可以看出，X 近似为正态分布；Y 的概率检验图严重偏离正态线，明显不是正态分布；而 Z 的概率检验图基本在正态线上，可认为 Y 取对数后也近似服从正态分布。

6.2 统计量及其抽样分布图

6.2.1 统计量及抽样的概念

在统计中，称研究对象的全体为总体(population)，通常用一个随机变量表示总体，组成总体的每个基本单元称为个体(individual)。从总体 X 中随机抽取一部分个体 X_1, $X_2,\cdots,X_n$，称为取自 X 的容量为 n 的样本(sample)。

例如，可以用 Python 来模拟抛一枚硬币，重复抛 10 次的情况，1 表示正面，0 表示反面，即构成一个包含 10 个观察的样本。

下面应用 Python 函数进行简单随机抽样。

6.2.1.1 简单随机模拟

(1)生成[0,1]上的一组随机整数

In	np.random.randint(0,2,10) #[0,1]上的 10 个随机整数，模拟扔硬币
Out	array([0, 0, 1, 1, 1, 0, 0, 1, 0, 0])

(2)生成任意区间上的一组随机整数

In	np.random.randint(1,101,10) #[1,100]上的 10 个随机整数数组
Out	array([3, 65, 78, 25, 21, 10, 25, 32, 86, 52])

In	np.random.seed(15) #结果可重复
	np.random.randint(1,101,10)

Out	array([73, 13, 6, 1, 29, 28, 72, 76, 86, 48])

6.2.1.2 随机抽样方法

(1)根据随机数抽样

从 52 名学生中随机抽取 6 名学生进行点名。这与在工厂抽取产品的道理是一样的。

In	import pandas as pd BSdata=pd.read_excel('DaPy_data.xlsx','BSdata'); #读取学生数据
In	i=np.random.randint(1,53,6);i #抽取 6 名学生，取[1,52]上的 6 个整数
Out	array([30, 18, 46, 32, 24, 33])
In	BSdata.iloc[i] #获取抽到的 6 名学生信息

Out		学号	性别	身高	体重	支出	开设	课程	软件
	30	1529365032	男	172	71	10.4	有必要	都学习过	SPSS
	18	1524105026	女	163	65	69.4	有必要	编程技术	Python
	46	1438120022	男	166	70	35.6	有必要	统计方法	R
	32	1530243029	男	186	87	9.5	不必要	都未学过	No
	24	1527173011	女	160	62	11.5	不必要	都学习过	Matlab
	33	1531364037	女	171	69	7.3	有必要	都学习过	Excel

（2）直接抽取样本（sample）

In	BSdata.sample（6）				#直接抽取 6 名学生及其信息			
Out	学号	性别	身高	体重	支出	开设	课程	软件
18	1524105026	女	163	65	69.4	有必要	编程技术	Python
33	1531364037	女	171	69	7.3	有必要	都学习过	Excel
45	1538399025	男	169	65	9.5	有必要	统计方法	SAS
28	1529314037	男	170	70	15.1	有必要	概率统计	SAS
30	1529365032	男	172	71	10.4	有必要	都学习过	SPSS
42	1537288004	女	173	70	19.1	不清楚	编程技术	Python

6.2.2　统计量的分布及其模拟图

设 $X_1, X_2, \cdots, X_n$ 是总体 X 的一个简单随机样本，$T(X_1, X_2, \cdots, X_n)$ 为一个连续函数，且 T 中不含任何关于总体的未知参数，则称 $T(X_1, X_2, \cdots, X_n)$ 为一个统计量（statistic），称统计量的分布为抽样分布（sampling distribution）。

统计学的任务是采集和处理带有随机影响的数据，或者说收集样本并对之进行加工，并据此对所研究的问题得出一定的结论，这一过程称为统计推断。在统计推断中，对样本进行加工整理，实际上就是根据样本计算出一些量，使得这些量能够将所研究问题的信息集中起来。这种根据样本计算出的量就是下面将要定义的统计量，因此，统计量是样本的某种函数，例如，我们前面介绍的样本均值、标准差等都是统计量。

6.2.2.1　中心极限定理及其模拟图

下面的性质就是通常说的中心极限定理，是统计推断的主要定理，用来逼近统计量的概率分布特征。

设 $X_1, X_2, \cdots, X_n$ 是从正态总体 $N(\mu, \sigma^2)$ 中获得的容量为 n 的样本。

（1）正态均值的分布——正态分布

设 $X_1, X_2, \cdots, X_n$ 是 n 个相互独立同分布的随机变量，假如其共同分布为正态分布 $N(\mu, \sigma^2)$，则样本均值 $\overline{X}$ 仍为正态分布，其 $E(\overline{X}) = \mu$，$\sigma_{\overline{X}}^2 = \sigma^2/n$，即 $\overline{X} \sim N(\mu, \sigma^2/n)$。

首先用 Python 的随机数方法来模拟中心极限定理（可看作一种可视化证明）。

| In | ```# 基于正态分布的中心极限定理模拟函数
import seaborn as sns
def norm_sim1（N=1000,n=10）:   # n 为样本个数，N 为模拟次数（抽样次数）
    xbar=np.zeros（N）   #产生放置样本均值的向量
    for i in range（N）:   # 计算[0,1]上的标准正态随机数及均值
        xbar[i]=np.random.normal（0,1,n）.mean（）
    sns.distplot（xbar,bins=50） #plt.hist（xbar,bins=50）
    print（pd.DataFrame（xbar）.describe（）.T） #模拟结果的基本统计量``` |
|---|---|
| In | np.random.seed（1）   #设置种子数 seed 使结果可重复
norm_sim1（）   #根据默认值模拟 |

Out		count	mean	std	min	25%	50%	75%	max
	0	1000.0	0.0098	0.313	−0.9225	−0.2007	0.0114	0.2254	1.0371

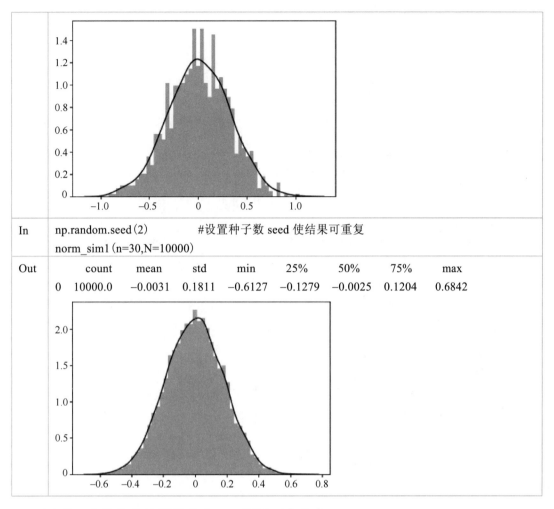

In	np.random.seed(2)　　　　　#设置种子数 seed 使结果可重复
	norm_sim1(n=30,N=10000)

Out		count	mean	std	min	25%	50%	75%	max
	0	10000.0	−0.0031	0.1811	−0.6127	−0.1279	−0.0025	0.1204	0.6842

(2)非正态均值统计量的分布——渐近正态分布

$X_1, X_2, \cdots, X_n$ 为 n 个相互独立同分布的随机变量，其共同分布未知，但其均值 μ 和方差 σ^2 都存在，则在 n 较大时，其样本均值 $\overline{X}$ 近似服从正态分布 $\overline{X} \sim N(\mu, \sigma^2/n)$。

| In | ```
# 基于非正态分布的中心极限定理模拟函数
def norm_sim2(N=1000,n=10):
    xbar=np.zeros(N)
    for i in range(N):              #计算[0,1]上的均匀随机数及均值
        xbar[i]=np.random.uniform(0,1,n).mean()
    sns.distplot(xbar,bins=50)
    print(pd.DataFrame(xbar).describe().T)
norm_sim2()
``` |
|----|---|

In	np.random.seed(3)　　　　　#设置种子数 seed 使结果可重复
	norm_sim2()

Out		count	mean	std	min	25%	50%	75%	max
	0	1000.0	0.4968	0.0907	0.2032	0.4364	0.4978	0.5605	0.7323
```

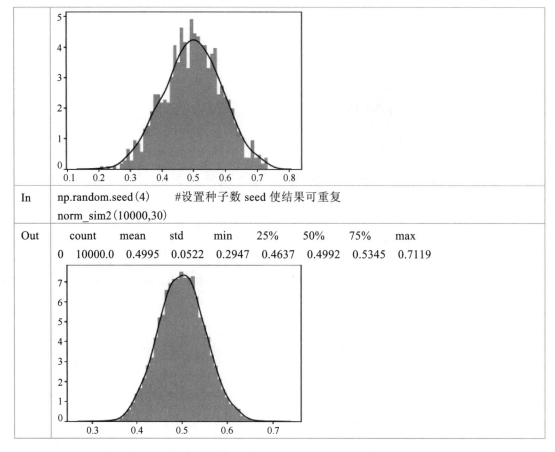

| | In | np.random.seed(4)　　#设置种子数 seed 使结果可重复 |
| | | norm_sim2(10000,30) |

Out		count	mean	std	min	25%	50%	75%	max
	0	10000.0	0.4995	0.0522	0.2947	0.4637	0.4992	0.5345	0.7119

6.2.2.2　均值的 t 分布及其图示

（1）小样本正态均值的标准化统计量分布——t 分布

从前面的正态分布理论和中心极限定理可知，可用下面的标准正态化变换将一般正态分布 $N(\mu,\sigma^2)$ 转换为标准正态分布 $N(0,1)$。

$$z=\frac{x-\mu}{\sigma}\sim N(0,1)$$

而当样本均值 $\overline{X}$ 服从正态分布，即 $\overline{X}\sim N(\mu,\sigma^2/n)$ 时，也可用正态化变换

$$z=\frac{(\overline{X}-\mu)}{\sigma/\sqrt{n}}\sim N(0,1)$$

将其样本均值的分布转换为标准正态分布 $N(0,1)$。

但当样本量 n 较小或 σ 未知时，通常用样本的标准差 s 代替总体的标准差 σ，这时的变换称为 t 变换，可以证明，t 值服从 t 分布，当 n 趋向无穷大时，t 分布近似为标准正态分布 $N(0,1)$。

$$t=\frac{(\overline{X}-\mu)}{s/\sqrt{n}}\sim t(n-1)$$

下图给出了 $n=4$ 和 $n=11$ 的 t 分布密度函数曲线和标准正态分布曲线。从图中可以看出，t 分布是对称分布，其偏度系数为 0。n 越小，其峰度系数越大；n 越大，其峰度系数越小，越接近标准正态分布。

(2) t 分布曲线比较图

In	x=np.arange (−4,4,0.1) yn=st.norm.pdf(x,0,1)；yt3=st.t.pdf(x,3)；yt10=st.t.pdf(x,10) plt.plot(x,yn,'r-',x,yt3,'b.',x,yt10,'g-.')； plt.legend (["N(0,1)","t(3)","t(10)"])；
Out	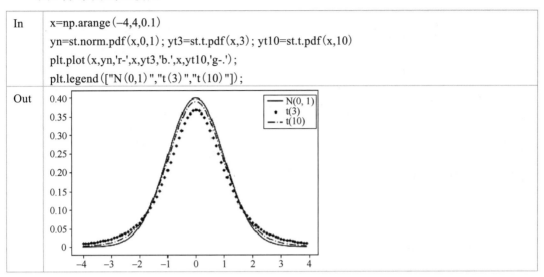

从图中可以看出，n 越大，t 分布越接近标准正态分布。

6.3　基本统计推断方法

推断就是根据拥有的信息来对现实世界进行某种判断。统计中的推断也不例外，它是完全根据数据进行的。例如，人们想知道到底有多大比例的广州人同意广州市大力发展轨道交通；由于不大可能询问所有的一千多万广州市民，人们只好进行随机抽样调查以得到样本，并用随机样本中同意发展轨道交通的市民比例来估计真实的比例。

从统计的角度来看，人们通常想为一个已知的分布估计其未知参数。例如，已知总体服从正态分布，但均值或标准差都是未知的。单从一个数据集，很难知道参数的确切数值，但是数据会提示你，参数的大概数值是什么。对于均值来说，我们希望样本数据的均值会是估计总体均值的一个好选择；从直观上可以认为，当数据越多时，这些估计值越准确，但从量化的角度，我们又该如何去做？

6.3.1　参数的估计方法

由样本统计量来估计总体参数有两种方法：点估计和区间估计。

6.3.1.1　点估计

点估计 (point estimation) 就是用样本统计量来估计相应的总体参数。本节内容就是用样本统计量对总体参数进行估计，即

用样本均值 $\bar{x}$ 估计总体均值 μ；

用样本标准差 s 估计总体标准差 σ；

用样本比例 p 估计总体比例 P。

（1）均值的点估计

In	BSdata['身高'].mean()
Out	168.51923076923077

（2）标准差的点估计

In	BSdata['身高'].std()
Out	8.01833776871194

（3）比例的点估计

In	f=BSdata['开设'].value_counts(); p=f/sum(f);p
Out	有必要　　0.557692 不清楚　　0.230769 不必要　　0.211538

假定有 150 人接受调查，其中 42 人喜欢品牌 A，问：喜欢品牌 A 的人占多大比例？

In	42/150
Out	0.28

6.3.1.2　区间估计

根据前面的统计理论，通常以已知统计量（如均值）的抽样分布为基础，由此我们便可对各参数值进行概率上的表述，例如，可以用 95%的置信度（也称可信度）来估计均值的取值范围。

区间估计（interval estimation）指通过统计推断找到包括样本统计量在内（有时以统计量为中心）的一个区间，该区间被认为以多大概率（可信度、置信度）包含总体参数。下面重点介绍均值的区间估计。

根据正态分布的性质，有

$$z = \frac{\bar{x} - \mu}{\sigma / \sqrt{n}} \sim N(0,1)$$

于是可以给出其置信区间的一般公式

$$\left[\bar{x} - z_{1-\alpha/2} \frac{\sigma}{\sqrt{n}}, \ \bar{x} + z_{1-\alpha/2} \frac{\sigma}{\sqrt{n}} \right]$$

根据前面的标准正态分布的性质，可知

样本均值 $\bar{x}$ 落在 $[\bar{x} - 2\frac{\sigma}{\sqrt{n}}, \ \bar{x} + 2\frac{\sigma}{\sqrt{n}}]$ 范围内的概率大约为 95%；

样本均值 $\bar{x}$ 落在 $[\bar{x}-3\dfrac{\sigma}{\sqrt{n}}, \ \bar{x}+3\dfrac{\sigma}{\sqrt{n}}]$ 范围内的概率大约为 99%。

In	norm_p(−2,2)
Out	N(0,1)分布: [−2.00,2.00]　p=0.9545 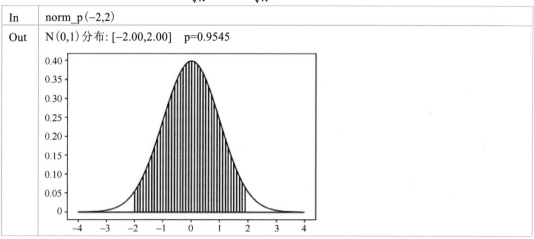

实际中, 总体标准差通常是未知的。这时可用均值的 t 统计量来估计总体的均值。

$$t = \frac{\bar{x}-\mu}{s/\sqrt{n}} \sim t(n-1)$$

式中, s 为样本的标准差, 用它来代替总体标准差 σ。

当数据服从正态分布时, 基于 t 分布的均值置信区间为

$$\left[\bar{x}-t_{1-\alpha/2}(n-1)\frac{s}{\sqrt{n}}, \ \bar{x}+t_{1-\alpha/2}(n-1)\frac{s}{\sqrt{n}} \right]$$

事实上, Python 本身包含根据 t 分布计算置信区间的函数, 用 stats 包中的 t.interval 函数也可生成置信水平为 $1-a$ 的置信区间:

$$\text{stats.t.interval}(b,\ df,\ loc,\ scale)$$

式中, b 为置信水平 $1-a$; df 为自由度; loc 为位置参数(通常为样本均值); scale 为抽样误差(通常为样本均值的标准误)。

下面定义一个 t 分布曲线下 $[a,b]$ 上计算概率的面积图。

| In | ```
import scipy.stats as st
def t_p(a,b,df=10):                #t 分布曲线下[a,b]上计算概率的面积图
        x=np.arange(−4,4,0.1)
        y=st.t.pdf(x,df)
        x1=x[(a<=x) & (x<=b)];x1
        y1=y[(a<=x) & (x<=b)];y1
        p=st.t.cdf(b,df)-st.t.cdf(a,df);
        print("        t("+str(df)+"): [%3.2f, %3.2f]   p=%5.4f"%(a,b,p))
        plt.plot(x,y);#plt.text(−0.7,0.2,"p=%5.4f"%p,fontsize=15);
        plt.hlines(0,−4,4); plt.vlines(x1,0,y1,colors='r');
``` |
|---|---|
| In | t_p(−2,2)　#t:[−2,2], df=10 |
| Out | t(10): [−2.00, 2.00]　p=0.9266 |
```

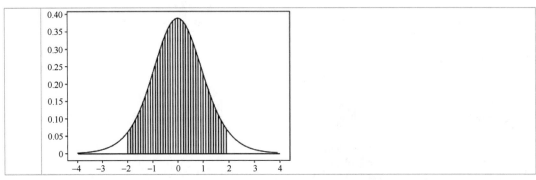

注意：t 分布属于厚尾分布，[−2,2]下的面积（概率）为 0.9266，而标准正态分布下的面积（概率）为 0.9545。

下面给出基于原始数据的 t 分布均值和置信区间：

In	def t_interval(b=0.95,x): #这里 b 为置信水平，通常取 95%
	    a=1−b
	    n = len(x)
	    ta=st.t.ppf(1−a/2,n−1);ta
	    from math import sqrt
	    se=x.std()/sqrt(n)
	    return(x.mean()-ta*se, x.mean()+se*ta)

In	t_interval(BSdata['身高']) #身高均值的 95%的置信区间
Out	(166.28691128155606, 170.75155025690549)

由输出结果得到 95%的置信区间（166.28, 170.75）。也可直接使用 stats.t.interval 函数计算置信区间。

In	import scipy.stats as st st.t.interval(0.95,df=len(X)-1,loc=np.mean(X),scale=st.sem(X))
Out	(array([166.2869]), array([170.7515]))

结果表明，有 95%的把握性认为均值在[166.2869,170.7515]中。

6.3.2 参数的假设检验

6.3.2.1 假设检验的概念

参数的检验通常是用假设检验来进行的。假设检验是用来判断样本与总体的差异是由抽样误差引起还是由本质差别所造成的统计推断方法，其基本思想是小概率反证法思想。小概率思想是指小概率事件（如 $P<0.05$）在一次试验中基本不会发生。反证法思想是先提出假设（检验假设 H_0），再用适当的统计方法确定假设成立的可能性大小，若可能性小，则认为假设不成立；若可能性大，则还不能认为假设不成立。

在数学推导中，假设检验是与区间估计问题相联系的，而在方法上，二者又有区别。对于区间估计，主要通过数据断定未知参数的取值范围；而对于假设检验，通常先做出一个关于未知参数的假设，然后根据观察到的数据计算所做假设对应的概率。

假设检验的基本步骤：

① 建立假设，包括原假设 H_0 与备择假设 H_1；

② 寻找检验统计量 T，确定拒绝域的形式；

③ 给出显著性水平 α；

④ 给出临界值，确定拒绝或接受的概率；

⑤ 根据样本观察值计算检验统计量，根据检验统计量的拒绝或接受的概率来进行判断。

6.3.2.2　样本均值的 t 检验

由于学生的身高通常服从正态分布，下面比较这组学生的身高与全国大学生平均身高（ $\mu = 166\text{cm}$ 或 $\mu = 170\text{cm}$ ）有无显著差别。

① 检验假设 H_0: $\mu = \mu_0$，H_1: $\mu \neq \mu_0$；

② 给定检验水平 α，通常取 $\alpha = 0.05$；

③ 计算检验统计量 $t = \dfrac{\bar{x} - \mu}{s / \sqrt{n}}$；

④ 计算 t 值对应的概率 p 值；

⑤ 若 $p \leqslant \alpha$，则拒绝 H_0，接受 H_1；

　若 $p > \alpha$，则接受 H_0，拒绝 H_1。

从前面的正态分布概率检验图可以看出，身高的分布基本是正态的，这样就可以用均值的 t 分布公式进行检验了。

下面用 Python 的单样本 t 检验函数进行均值的 t 检验。

In	print("样本均值：",BSdata.身高.mean())
	st.ttest_1samp(BSdata.身高，popmean = 166)
Out	样本均值：　168.51923076923077
	Ttest_1sampResult(statistic=2.2656106, pvalue=0.0277509)

检验的 $p = 0.0277 < 0.05$，在显著性水平 $\alpha = 0.05$ 时拒绝 H_0，认为这组学生的平均身高（168.5cm）与全国大学生的平均身高（166cm）有显著差异。

| In | st.ttest_1samp(BSdata.身高，popmean = 170) |
| Out | Ttest_1sampResult(statistic= −1.3316948, pvalue=0.18888) |

检验的 $p = 0.1888 > 0.05$，在显著性水平 $\alpha = 0.05$ 时不拒绝 H_0，可认为这组学生的平均身高（168.5cm）与全国大学生的平均身高（170cm）没有显著差异。

6.3.3　统计推断的可视化

6.3.3.1　均值推断的可视化函数

下面给出用 t 分布进行均值推断的可视化函数，即构建一个样本均值 t 检验图。

| In | ```
def ttest_1plot(X,mu=0):
    df=len(X)−1                          #df=n−1
    t1p=st.ttest_1samp(X, popmean = mu);
    x=np.arange(−4,4,0.1); y=st.t.pdf(x,df)
    t=abs(t1p[0]);p=t1p[1]
    x1=x[x<=−t]; y1=y[x<=−t];
    x2=x[x>=t]; y2=y[x>=t];
``` |
```

```
print(" 样本均值:  \t%8.4f "%X.mean())
print(" 单样本 t 检验      t=%6.3f  p=%6.4f"%(t,p))
t_interval=st.t.interval(0.95,len(X)-1,X.mean(),X.std())
print("    t 置信区间:\t(%7.4f, %7.4f) "%(t_interval[0],t_interval[1]))
plt.plot(x,y); plt.hlines(0,-4,4);
plt.vlines(x1,0,y1,colors='r'); plt.vlines(x2,0,y2,colors='r');
#plt.text(-0.5,0.05,"p=%6.4f" % t1p[1],fontsize=15);
plt.vlines(st.t.ppf(0.05/2,df),0,0.2,colors='b');
plt.vlines(-st.t.ppf(0.05/2,df),0,0.2,colors='b');
plt.text(-0.6,0.2,r"$\alpha$=%3.2f"%0.05,fontsize=15);
```

6.3.3.2 均值推断的可视化应用

下面给出用 t 分布进行均值推断的可视化检验示意图。

In	ttest_1plot(BSdata.身高，166) #总体均值为 166 时的推断图
Out	样本均值: 168.5192 单样本 t 检验: t= 2.266 p=0.0278 t 置信区间: (152.4217,184.6167)

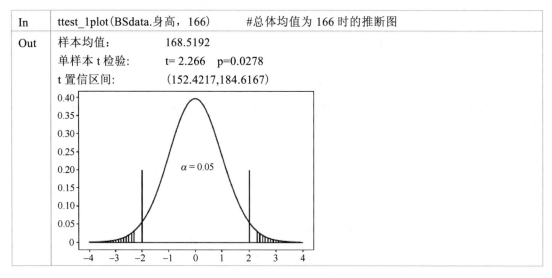

从图中可以看出，t 值落在临界值之外，即 $p<0.05$，说明样本均值 168.5 与总体均值 166 间有显著的统计学差异。

In	ttest_1plot(BSdata.身高，170) #总体均值为 170 时的推断图
Out	样本均值: 168.5192 单样本 t 检验: t= 2.266 p=0.0278 t 置信区间: (152.4217,184.6167)

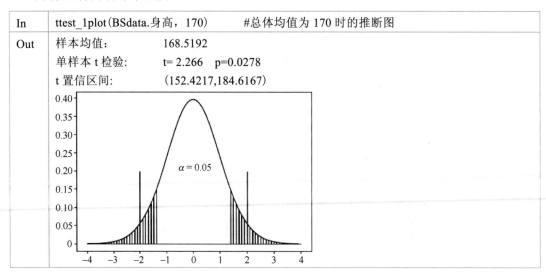

从图中可以看出，t 值落在置信区间之外，即 $p>0.05$，说明样本均值 168.5 与总体均值 170 间无显著的统计学差异。

习题 6

一、选择题

1. 标准差标准化公式（$z = \dfrac{x - \bar{x}}{s}$）中的 s 表示什么？ _____

   A．原始数据的标准差　　　　　　　B．原始数据的方差

   C．原始数据的均值　　　　　　　　D．原始数据的中位数

2. 命令 random.randint(20,30) 输出的结果为_____。

   A．[20,30) 上的一个随机数　　　　B．[20,30) 上的一个随机整数

   C．[20,30) 上的十个随机数　　　　D．[20,30) 上的十个随机整数

3. 这是哪个分布的概率密度函数 $p(x) = \dfrac{1}{\sqrt{2\pi}\sigma} e^{-\frac{(x-\mu)^2}{2\sigma^2}}$？ _____

   A．均匀分布　　 B．标准正态分布　　 C．正态分布　　　 D．t 分布

4. 读如下代码：

   ```
   import scipy.stats as st
   P=st.norm.cdf(2);P
   ```

   关于变量 P，以下哪个说法是正确的？ _____

   A．P 是正态分布 $P(x \leqslant 2)$ 的累积概率

   B．P 是标准正态分布 $P(z \leqslant 2)$ 的累积概率

   C．P 是 t 分布 $P(t \leqslant 2)$ 的累积概率

   D．P 是均匀分布 $P(x \leqslant 2)$ 的累积概率

5. 关于 t 分布，下列说法不正确的是_____。

   A．t 分布是对称分布

   B．t 分布的偏度系数为 0

   C．样本量 n 越小，峰度系数越大，越接近标准正态分布

   D．样本量 n 越大，峰度系数越小

6. 关于 t 分布计算置信区间的函数 stats.t.interval(b,df,mean,std)，下列说法不正确的是_____。

   A．b 表示显著性水平 α　　　　B．df 表示自由度

   C．mean 表示样本均值　　　　　　D．std 表示样本标准差

7. 小样本正态均值的标准化统计量分布为_____。

   A．正态分布　　 B．渐近正态分布　　 C．标准正态分布　　 D．t 分布

8. 设随机变量 X 服从 $N(100,4)$，则均值和标准差分别为多少？ _____

A. 均值为 100，标准差为 4　　　　　B. 均值为 100，标准差为 2

C. 均值为 10，标准差为 4　　　　　　D. 均值为 10，标准差为 2

二、计算题

1. 抽样调查表明，考生的外语成绩（100 分制）近似服从正态分布，平均成绩为 72 分，96 分以上考生占总数的 2.3%，试求考生外语成绩在 60～84 分之间的概率。

2. 从某厂生产的一批铆钉中随机抽取 10 个，测得其直径（单位：mm）分别为 13.35,13.38,13.40,13.43,13.32,13.48,13.34,13.47,13.44,13.50。试求铆钉头部直径这一总体的均值 μ 与标准差 σ 的估计。

3. 某快递服务公司登出广告，声称其本地包裹传送时间不长于 6 小时，随机抽样其传送一包裹到一指定地址所花时间，数据为 7.2，3.5，4.3，6.2，10.1，5.4，6.8，4.5，5.1，6.6，3.8 和 8.2 小时，假设包裹运送时间为正态分布，求平均传送时间及其 95% 置信度的置信区间。

4. 过去的大量资料显示，某厂生产的灯泡的使用寿命服从正态分布 $N(1020, 100^2)$。现从最近生产的一批产品中随机抽取 16 只，测得样本平均寿命为 1080 小时。试在 0.05 显著性水平下判断这批产品的使用寿命是否有显著提高？（$\alpha = 0.05$）

5. 一家制造商生产钢棒，为了提高质量，如果某新的生产工艺生产出的钢棒的断裂强度大于现有平均断裂强度标准，公司将采用该新工艺。当前钢棒的平均断裂强度标准是 500 千克，对新工艺生产的钢棒进行抽样检验，12 件钢棒的断裂强度如下：502，496，510，508，506，498，512，497，515，503，510 和 506 千克，假设断裂强度的分布近似于正态分布，问：新工艺是否提高了平均断裂强度？

第7章 数据的模型分析及可视化

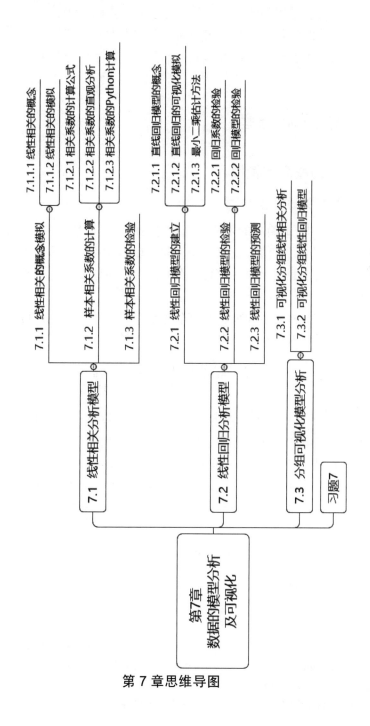

第 7 章思维导图

相关分析指通过对大量数字资料的观察，消除偶然因素的影响，探求现象之间相关关系的密切程度和表现形式。研究现象之间相关关系的理论方法就称为相关分析法。

在经济管理中，各经济变量常常存在密切的关系，如经济增长与财政收入、人均收入与消费支出等。这些关系大都是非确定性关系，一个变量变动会影响其他变量，使其产生变化。其变化具有随机的特性，但是仍然遵循一定的规律。

相关分析以现象之间是否相关、相关的方向和密切程度等为主要研究内容，它不区别自变量与因变量，对各变量的构成形式也不关心。其主要分析方法有绘制相关图、计算相关系数和检验相关系数。

7.1 线性相关分析模型

7.1.1 线性相关的概念和模拟

7.1.1.1 线性相关的概念

在所有相关分析中，最简单的是两个变量之间的一元线性相关(也称简单线性相关或直线相关)，它只涉及两个变量。而且一个变量数值发生变动，另一变量的数值随之发生大致均等的变动，从平面图上观察，其各点的分布近似地表现为一条直线，这种相关关系就是线性相关。

线性相关分析是用相关系数来表示两个变量间的线性关系，并判断其密切程度的统计方法。数理统计中相关系数通常用 ρ 表示，其计算公式为

$$\rho = \frac{\mathrm{Cov}(x, y)}{\sqrt{\mathrm{var}(x)\,\mathrm{var}(y)}} = \frac{\sigma_{xy}}{\sqrt{\sigma_x^2 \sigma_y^2}}$$

式中，σ_x^2 为变量 x 的方差；σ_y^2 为变量 y 的方差，σ_{xy} 为变量 x 与变量 y 的协方差。

相关系数 ρ 没有单位，是协方差的标准化形式，消除了单位的影响。

数学上可以证明，ρ 在 $-1 \sim +1$ 范围内波动，$-1 < \rho < 0$ 表示两变量负线性相关，越接近 -1，负相关性越强；$0 < \rho < 1$ 表示两变量正线性相关，越接近 1，正相关性越强；$\rho = -1$ 表示两变量完全负线性相关；$\rho = 1$ 表示两变量完全正线性相关；$\rho = 0$ 表示两变量不具有线性相关关系。

下面我们使用模拟的方法可视化线性相关的概念。

7.1.1.2 线性相关的模拟

In	import numpy as np	
	x=np.linspace(-4,4,20)	#构建[-4,4]上 x 的数据向量
	np.random.seed(1)	#设置随机种子数以便重复结果
	e=np.random.randn(20)	#随机误差数据向量 e～N(0,1)
In	import matplotlib.pyplot as plt	
	y1=x; plt.plot(x,y1,'o');	#完全正相关 y=x

Out	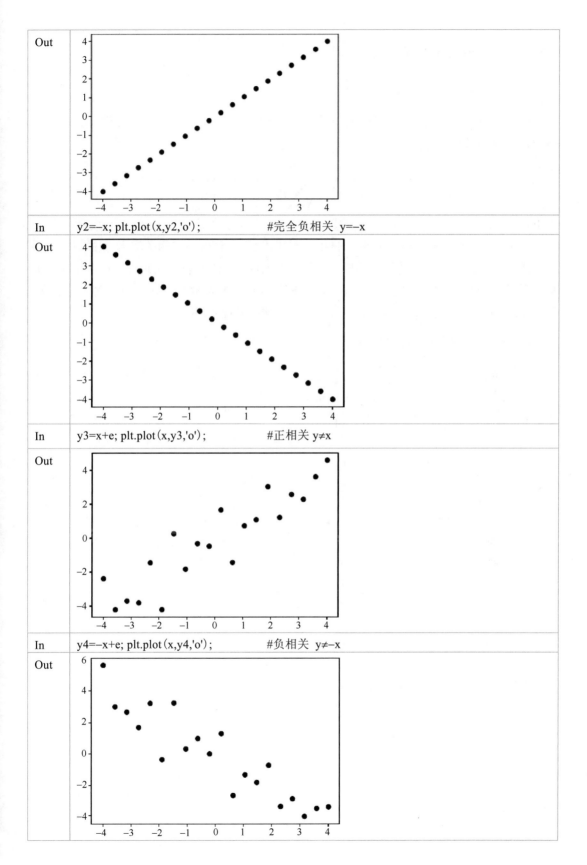
In	y2=−x; plt.plot(x,y2,'o'); #完全负相关 y=−x
Out	
In	y3=x+e; plt.plot(x,y3,'o'); #正相关 y≠x
Out	
In	y4=−x+e; plt.plot(x,y4,'o'); #负相关 y≠−x
Out	

7.1.2 样本相关系数的计算

7.1.2.1 相关系数的计算公式

在实际应用中，通常要计算样本的线性相关系数（pearson 相关系数 correlation coefficient），计算公式如下

$$r = \frac{s_{xy}}{\sqrt{s_x^2 \cdot s_y^2}} = \frac{\sum (x - \overline{x})(y - \overline{y})}{\sqrt{\sum (x - \overline{x})^2 (y - \overline{y})^2}}$$

式中，s_x^2 为变量 x 的样本方差；s_y^2 为变量 y 的样本方差；s_{xy} 为变量 x 与变量 y 的样本协方差。注意，这里变量 x 和 y 的相关系数和变量 y 和 x 的相关系数一样。

样本的 pearson 相关系数 r 的取值范围为[–1,1]，其绝对值越接近 1，说明两个变量间的直线相关越密切；越接近 0，相关越不密切。$r = -1$ 表示两组数据完全负线性相关；$r = 1$ 表示两组数据完全正线性相关；$r = 0$ 表示两组数据不相关。

7.1.2.2 相关系数的直观分析

In	fig,ax=plt.subplots(2,2,figsize=(10,8))　　　　　　#将上述四个图放到一页上 ax[0,0].plot(x,y1,'o'); ax[0,1].plot(x,y2,'o') ax[1,0].plot(x,y3,'o'); ax[1,1].plot(x,y4,'o');
Out	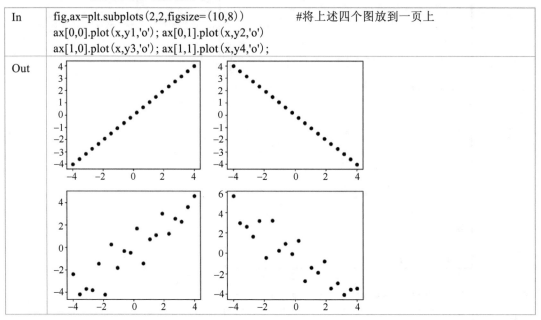

7.1.2.3 相关系数的 Python 计算

首先计算模拟的数值数据的相关系数。

In	np.corrcoef([x,y1])
Out	array([[1., 1.], 　　　　[1., 1.]])
In	np.corrcoef([x,y2])
Out	array([[1., –1.], 　　　　[–1.,　1.]])

In	np.corrcoef([x,y3])
Out	array([[1. , 0.9079], [0.9079, 1.]])
In	r=np.corrcoef(x,y3)[0,1];r
Out	0.9079
In	np.corrcoef([x,y1,y2,y3,y4])
Out	array([[1. , 1. , −1. , 0.9079, −0.914], [1. , 1. , −1. , 0.9079, −0.914], [−1. , −1. , 1. , −0.9079, 0.914], [0.9079, 0.9079, −0.9079, 1. , −0.6598], [−0.914 , −0.914 , 0.914 , −0.6598, 1.]])

为了计算方便，通常可先将模拟数据形成数据框，然后根据数据框的相关系数计算函数 corr 按数据框计算相关系数，可形成相关系数矩阵。

In	Import pandas as pd xy=pd.DataFrame({'x':x,'y1':y1,'y2':y2,'y3':y3,'y4':y4});　　#数据框
In	xy.corr()
Out	<table><tr><td></td><td>x</td><td>y1</td><td>y2</td><td>y3</td><td>y4</td></tr><tr><td>x</td><td>1.0000</td><td>1.0000</td><td>−1.0000</td><td>0.9079</td><td>−0.9140</td></tr><tr><td>y1</td><td>1.0000</td><td>1.0000</td><td>−1.0000</td><td>0.9079</td><td>−0.9140</td></tr><tr><td>y2</td><td>−1.0000</td><td>−1.0000</td><td>1.0000</td><td>−0.9079</td><td>0.9140</td></tr><tr><td>y3</td><td>0.9079</td><td>0.9079</td><td>−0.9079</td><td>1.0000</td><td>−0.6598</td></tr><tr><td>y4</td><td>−0.9140</td><td>−0.9140</td><td>0.9140</td><td>−0.6598</td><td>1.0000</td></tr></table>
In	pd.plotting.scatter_matrix(xy,figsize=(9,8));　　#相关矩阵散点图
Out	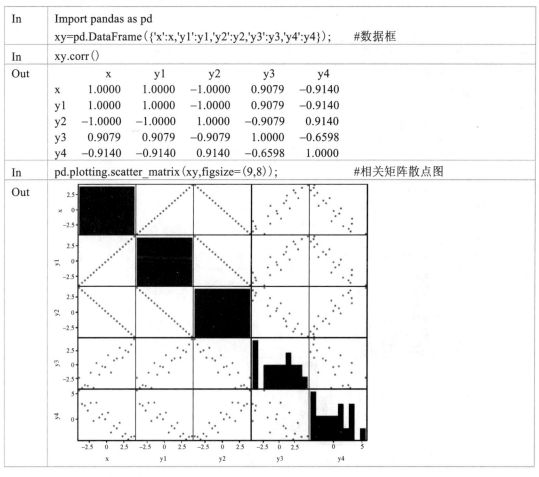

也可一对一或一对多地计算相关系数。比如，x 和 y4，x 和 y_1、y_2、y_3、y_4 的相关系数计算如下：

In	xy.x.corr(xy.y4)
Out	−0.9140

In	xy.corrwith(xy.x)
Out	x 1.0000 y1 1.0000 y2 −1.0000 y3 0.9079 y4 −0.9140

下面计算实际数据(通常是定量数据)的线性相关系数。

In	import pandas as pd #读取 BSdata 分析用数据
	BS=pd.read_excel('DaPy_data.xlsx','BSdata')[['性别','身高','体重','支出']];BS

Out	性别 身高 体重 支出 0 女 167 71 46.0 1 男 171 68 10.4 2 女 175 73 21.0 3 男 169 74 4.9 4 男 154 55 25.9 ……
In	BS['身高'].corr(BS['体重']) #BS.身高.corr(BS.体重)
Out	0.9118170987010521
In	BS[['身高','体重']].corr()
Out	身高 体重 身高 1.0000 0.9118 体重 0.9118 1.0000
In	BS.corr() #BS[['身高','体重','支出']].corr()
Out	身高 体重 支出 身高 1.0000 0.9118 0.0439 体重 0.9118 1.0000 0.0429 支出 0.0439 0.0429 1.0000
In	plt.rcParams['font.sans-serif']=['SimSun']; #设置中文楷体: SimSun pd.plotting.scatter_matrix(BS,figsize=(9,8)); #矩阵散点图
Out	

这里身高和体重的相关系数为正值，且较大(>0.9)，说明身高与体重间呈较强的线性相关关系。但显然身高、体重和支出间关系不大，这也符合实际情况。

至于样本相关系数是否有统计学意义，尚待假设检验。

7.1.3 样本相关系数的检验

与其他统计量一样，样本相关系数也有抽样误差。从同一总体内抽取若干大小相同的样本，各样本的相关系数总有波动。要判断不等于 0 的相关系数 r 值来自总体相关系数 $\rho=0$ 的总体，还是来自 $\rho \neq 0$ 的总体，必须进行显著性检验，Python 的 pearson 相关系数的检验函数为 pearsonr。

由于来自 $\rho=0$ 的总体的所有样本相关系数呈对称分布，故 r 的显著性可用 t 检验法来检验。这里 r 服从自由度为 $n-2$ 的 t 分布，对 r 进行 t 检验的步骤如下。

① 建立检验假设：

$$H_0: \rho=0, \ H_1: \rho \neq 0, \ \alpha=0.05$$

② 计算相关系数 r 的 t 值：

$$t_r = \frac{r-\rho}{s_r} = \frac{r}{\sqrt{(1-r^2)/(n-2)}} \sim t(n-2)$$

③ 计算 p 值，得出结论。

如果 $p<0.05$，说明两变量间有线性相关关系。

如果 $p>0.05$，说明两变量间无线性相关关系。

首先对模拟数据进行相关系数的假设检验。

In	import scipy.stats as st	#加载统计分析方法包
	st.pearsonr(x,y1)	#pearson 相关及检验
Out	(1.0, 0.0)	#这里 r=1.0, p=0.0, 下同
In	st.pearsonr(x,y2)	
Out	(−1.0, 0.0)	
In	st.pearsonr(x,y3)	
Out	(0.9079172786785888, 3.2236304802661916e−08)	
In	st.pearsonr(x,y4)	
Out	(−0.9140292045707705, 1.777558235787431e−08)	

下面计算实际数据(定量数据)的相关系数。

In	st.pearsonr(BS.身高,BS.体重)	
Out	(0.9118170987, 5.747329316e−21)	#这里 r=0.9118, p<0.05
In	st.pearsonr(BS.身高,BS.支出)	
Out	(0.0438811308, 0.757406708)	#这里 r=0.04388, p>0.05

由于 $p=5.747\mathrm{e}{-21}<0.05$，于是在 $\alpha=0.05$ 水准上拒绝 H_0，接受 H_1，可以认为这组大学生身高与体重间具有显著的线性相关关系。而身高和支出间的相关系数检验结果 $p=0.7574>0.05$，说明这组大学生身高与支出间无显著的线性相关关系。

7.2 线性回归分析模型

相关分析研究的是变量间的相互关系，变量不区分自变量和因变量。回归分析研究的是变量间的依存关系，变量区分为自变量(也称解释变量)和因变量(也称被解释变量)，并研究确定自变量和因变量之间具体关系的方程形式。分析中所形成的这种关系式称为回归模型，其中以一条直线方程表明两变量依存关系的模型叫作简单线性回归分析模型(也称直线回归模型)。回归分析的主要步骤包括建立回归模型、求解回归模型中的参数、对回归模型进行检验等。

7.2.1 线性回归模型的建立

7.2.1.1 直线回归模型的概念

在因变量 y 和自变量 x 的散点图中，如果趋势大致呈直线型，即

$$y = \beta_0 + \beta_1 x + e$$

则可拟合一条直线方程，这里 e 为误差项(error)，相应直线回归模型为(消除误差项影响)

$$\hat{y} = \hat{\beta}_0 + \hat{\beta}_1 x = a + bx$$

式中，$\hat{y}$ 表示因变量 y 的估计值。x 为自变量的实际值。a、b 为参数 β_0 和 β_1 的估计值。几何意义：a 是直线方程的截距，为常数项，b 是斜率；经济意义：a 是当 x 为 0 时 y 的估计值，b 是当 x 每增加一个单位时，y 增加的数量，b 也称回归系数。

7.2.1.2 直线回归的可视化模拟

In	# 定义模拟直线回归函数	
	import statsmodels.api as sm	#加载统计模型包
	def reglinedemo(n=20):	#模拟样本例数
	x=np.arange(n)+1	#自变量取值
	e=np.random.normal(0,1,n)	#误差项
	y=2+0.5*x+e	#因变量值
	x1=sm.add_constant(x);x1	#加常数项
	fm=sm.OLS(y,x1).fit();fm	#模型拟合，见下
	plt.plot(x,y,'.',x,fm.fittedvalues,'r-');	#添加回归线，红色
	for i in range(len(x)):	#画垂直线
	plt.vlines(x,y,fm.fittedvalues,linestyles='dotted',colors='b');	
In	np.random.seed(12)	
	reglinedemo(20)	

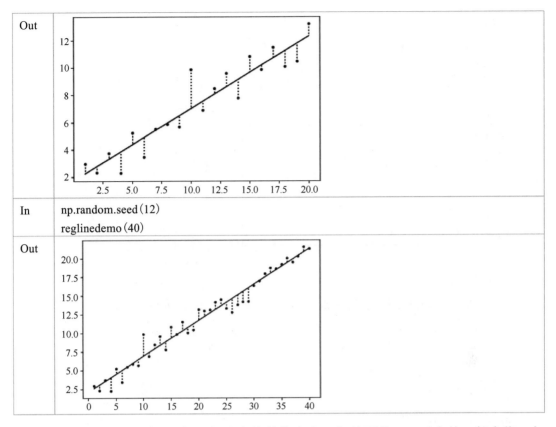

In	np.random.seed(12)
	reglinedemo(40)

　　由散点图可见，虽然 x 与 y 间有直线趋势存在，但并不是一一对应的。每个值 x_i 与对 $y_i(i=1,2,\cdots,n)$ 用回归方程估计的值 $\hat{y}_i$（也称拟合值（fittedvalues），即直线上的点）之间或多或少存在一定的差距。差距可以用 $\hat{e}=y-\hat{y}$ 来表示，称为估计误差或残差（resid）。

　　拟合回归直线的目的是找到一条理想的直线，使得残差 $\hat{e}=y-\hat{y}$ 的平方和达到最小。数理统计证明，用最小二乘法（因变量的实际值与估计值之间距离平方和最小）拟合的直线最理想，最具有代表性。用于估计 a 与 b 的方法称为普通最小二乘法（OLS）。

7.2.1.3　最小二乘估计方法

　　要使回归方程比较"理想"，就应该使这些估计误差尽量小，也就是使估计残差平方和

$$Q=\sum_{i=1}^{n}\hat{e}=\sum_{i=1}^{n}(y_i-\hat{y}_i)^2=\sum_{i=1}^{n}[y_i-(a+bx_i)]^2$$

达到最小。对 Q 求关于 a 和 b 的偏导数，并令其等于 0，可得

$$b=\frac{\sum_{i=1}^{n}(x_i-\overline{x})(y_i-\overline{y})}{\sum_{i=1}^{n}(x_i-\overline{x})^2}=\hat{\beta}_1$$

$$a=\overline{y}-b\overline{x}=\hat{\beta}_0$$

（1）散点图

In	x=BS.身高; y=BS.体重
	plt.plot(x,y,'.');
Out	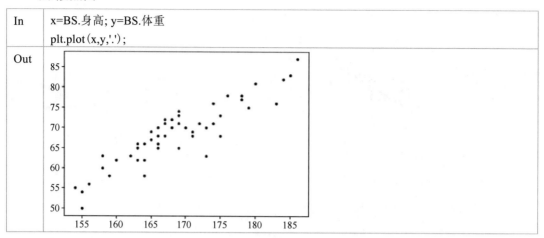

（2）模型拟合

为了方便，这里直接使用 OLS 来估计身高和体重的直线回归模型。

In	import statsmodels.api as sm	#加载线性回归模型库
	fm1=sm.OLS(y,sm.add_constant(x)).fit()	#最小二乘估计，加常数项
	fm1.params	#模型参数的估计值
Out	const −79.282827	# a 值
	身高 0.876949	# b 值

（3）回归直线拟合图

In	yfit=fm1.fittedvalues	#拟合估计值
	plt.plot(x, y,'.',x,yfit, 'r-');	
Out	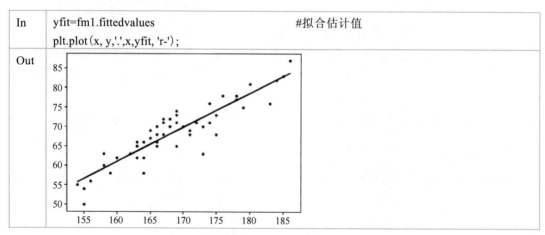	

由散点图观察实测样本资料是否存在一定的协同变化趋势，以及这种趋势是不是直线的。根据是否有直线趋势来确定应拟合直线还是曲线。由本例资料绘制的散点图可见，身高与体重之间存在明显的线性趋势，所以可考虑建立直线回归方程。

Python 作为一种面向对象语言，与其他数据分析软件相比，其最大的优势就是输出简洁，且把大量的统计结果作为对象保存起来以供后期使用。比如，上面的 fm1 就是一个线性回归模型的对象，其中包含许多进一步分析用的统计量，如参数估计值（params）、拟合值（fittedvalues）等。

7.2.2 线性回归模型的检验

7.2.2.1 回归系数的检验

由样本资料建立回归方程的目的是对两变量的回归关系进行统计推断，也就是对总体回归方程作参数估计和假设检验。前面对回归模型的系数进行了估计，下面对回归系数进行假设检验。

由于抽样误差，样本回归系数往往不会恰好等于总体回归系数。如果总体回归系数为 0，那么模型就是一个常数，无论自变量如何变化，都不会影响因变量，回归方程就没有意义。由样本资料计算得到的样本回归系数不一定为 0，所以有必要对估计得到的样本回归系数进行检验。

（1）常数项 β_0 的假设检验

H_0：$\beta_0=0$，判断直线是否通过原点。检验统计量为

$$t_{\hat{\beta}_0} = \frac{\hat{\beta}_0 - \beta_0}{s_{\hat{\beta}_0}} \sim t(n-2)$$

式中，分母为常数项的标准误差。

（2）回归系数 β_1 的假设检验

H_0：$\beta_1=0$，直线方程不存在。检验时用的统计量为

$$t_{\hat{\beta}_1} = \frac{\hat{\beta}_1 - \beta_1}{s_{\hat{\beta}_1}} \sim t(n-2)$$

式中，分母为样本回归系数的标准误差。

下面对前面建立的回归模型进行假设检验。

In	fm1.tvalues	#模型系数 t 值	
Out	Intercept −8.414938 身高 15.702810		
In	fm1.pvalues	#系数检验 p 值	
Out	Intercept 3.820690e−11 身高 5.747329e−21		
In	pd.DataFrame({'b':fm1.params,'值':fm1.tvalues,'p':fm1.pvalues}) #格式输出		
Out	b t p const −79.282827 −8.414938 3.820690e−11 身高 0.876949 15.702810 5.747329e−21		

由于回归系数的 $p = 5.747\text{e}{-}21 < 0.05$，于是在 $\alpha = 0.05$ 水平处拒绝 H_0，接受 H_1，认为回归系数有统计学意义，变量间存在回归关系。

通常，人们更喜欢用公式的方式来建立线性回归模型，并用回归系数检验表来显示。

In	import statsmodels.formula.api as smf　　　#加载公式模型建立包
	fm2=smf.ols('体重～身高',data=BS).fit()
	fm2.summary().tables[1]　#回归系数检验表，来自 summary 的第 2 张表
Out	

	coef	std err	t	P>|t|	[0.025	0.975]
Intercept	−79.2828	9.422	−8.415	0.000	−98.207	−60.359
身高	0.8769	0.056	15.703	0.000	0.765	0.989

用公式方法建立模型的最大好处是，可以方便地建立多个自变量的线性回归模型。

In	fm3=smf.ols('体重～身高+支出',data=BS).fit()
	fm3.summary().tables[1]　#回归系数检验表，来自 summary 的第 2 张表
Out	

	coef	std err	t	P>|t|	[0.025	0.975]
Intercept	−79.2878	9.518	−8.331	0.000	−98.414	−60.161
身高	0.8768	0.056	15.528	0.000	0.763	0.990
支出	0.0011	0.021	0.050	0.960	−0.041	0.044

7.2.2.2　回归模型的检验

实际上，summary 函数可以输出多元线性相关模型的很多统计量，限于篇幅，本书未详细介绍这些统计量及其检验结果，下面是其输出结果，具体的多元线性回归分析参见相关内容。

In	fm3.summary()
Out	

OLS Regression Results

Dep. Variable:	体重	R-squared:	0.831
Model:	OLS	Adj. R-squared:	0.825
Method:	Least Squares	F-statistic:	120.8
Date:	Thu, 06 Aug 2020	Prob (F-statistic):	1.14e-19
Time:	19:33:46	Log-Likelihood:	-133.21
No. Observations:	52	AIC:	272.4
Df Residuals:	49	BIC:	278.3
Df Model:	2		
Covariance Type:	nonrobust		

	coef	std err	t	P>|t|	[0.025	0.975]
Intercept	-79.2878	9.518	-8.331	0.000	-98.414	-60.161
身高	0.8768	0.056	15.528	0.000	0.763	0.990
支出	0.0011	0.021	0.050	0.960	-0.041	0.044

Omnibus:	6.641	Durbin-Watson:	2.165
Prob(Omnibus):	0.036	Jarque-Bera (JB):	5.744
Skew:	-0.784	Prob(JB):	0.0566
Kurtosis:	3.440	Cond. No.	3.62e+03

7.2.3 线性回归模型的预测

建立线性回归模型有三个主要用途：

(1)影响因素分析；

(2)进行估计；

(3)用来预测。

前面主要探讨了线性回归模型的影响因素分析。下面对模型进行估计和预测，其实它们是同一个问题，"估计"是在自变量范围内对因变量的估算，"预测"是在自变量范围以外对因变量的推算。在 Python 中所用的命令都是 predict(相当于将自变量值代入模型中计算)，下面是对身高与体重模型的估计与预测。

In	fm2.predict(pd.DataFrame({'身高':[170]}))		#估计
Out	0	69.7986	
In	fm2.predict(pd.DataFrame({'身高':[190]}))		#预测
Out	0	87.3375	
In	fm2.predict(pd.DataFrame({'身高': [170,180,190]}))		#估计与预测
Out	0	69.7986	
	1	78.5681	
	2	87.3375	

7.3 分组可视化模型分析

首先，选取不同性别人群的身高和体重数据，形成新的数据框。

In	BS_M=BS[BS.index=='男'][['身高','体重']];BS_M		
Out		身高	体重
	1	171	68
	3	169	74
	4	154	55
	5	183	76
	9	173	63
	10	184	82
	......		
In	BS_F=BS[BS.index=='女'][['身高','体重']];BS_F		
Out		身高	体重
	0	167	71
	2	175	73
	6	169	71
	7	166	66
	8	165	69
	13	168	72
	......		

7.3.1 可视化分组线性相关分析

（1）男生身高与体重的相关分析

In	import scipy.stats as st st.pearsonr（BS_M.身高,BS_M.体重）	
Out	（0.9105, 4.4365e−11）	#r=0.9105, p<0.05
In	import seaborn as sns sns.jointplot('身高','体重', data=BS_M);	#直方图+散点图
Out	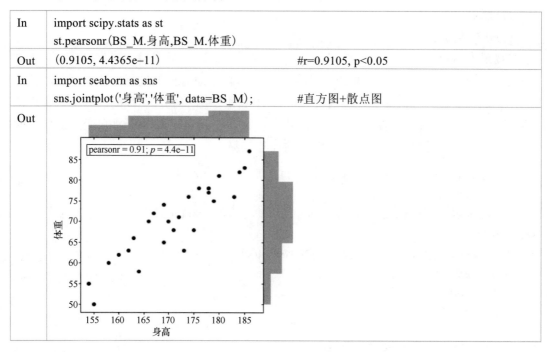	

（2）女生身高与体重的相关分析

In	st.pearsonr（BS_F.身高，BS_F.体重）	
Out	（0.8931, 1.9073e−09）	
In	sns.jointplot('身高','体重',data=BS_F);	
Out	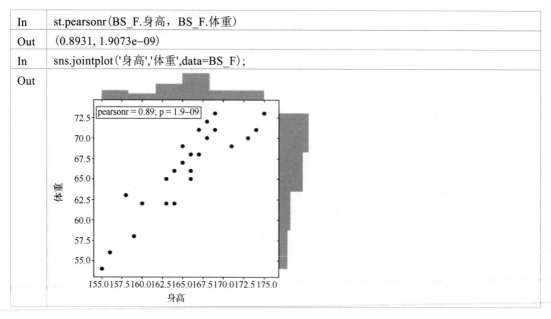	

7.3.2 可视化分组线性回归模型

下面研究基于性别分组的学生身高和体重之间的线性回归模型。

(1) 男生身高与体重的回归分析

In	smf.ols('体重～身高',data=BS_M).fit().summary().tables[1]

Out		coef	std err	t	P>|t|	[0.025	0.975]
	Intercept	−85.4332	14.189	−6.021	0.000	−114.657	−56.210
	身高	0.9101	0.083	11.011	0.000	0.740	1.080

In	sns.regplot(y='体重',x='身高',data=BS_M,ci=0);

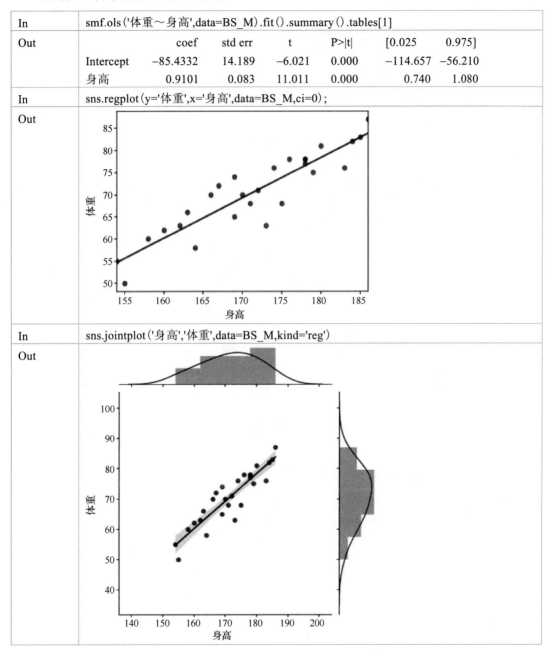

In	sns.jointplot('身高','体重',data=BS_M,kind='reg')

(2) 女生身高与体重的回归分析

In	smf.ols('体重～身高',data=BS_F).fit().summary().tables[1]

Out		coef	std err	t	P>|t|	[0.025	0.975]
	Intercept	−80.3893	15.405	−5.218	0.000	−112.257	−48.522
	身高	0.8867	0.093	9.523	0.000	0.694	1.079

In	sns.regplot(y='体重',x='身高',data=BS_F,ci=0);

Out	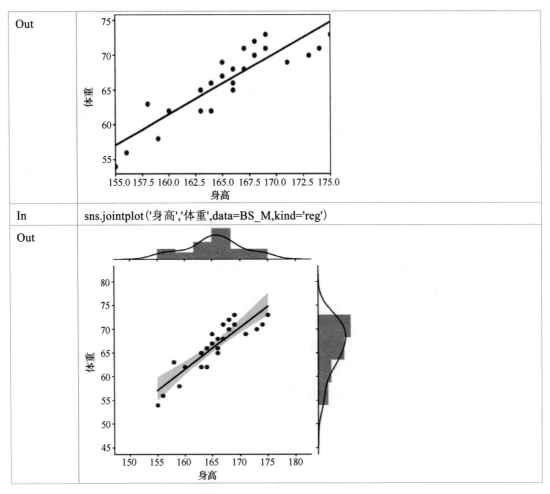
In	sns.jointplot('身高','体重',data=BS_M,kind='reg')
Out	

(3) 基于 plotnine 的分组回归分析可视化

In	from plotnine import * theme_set(theme_bw(base_family='SimSun'));
In	(ggplot(BS,aes('身高','体重')) + geom_point() + facet_wrap('性别',nrow=1) + stat_smooth(method='lm',se=False))　　#无可信区间的回归线
Out	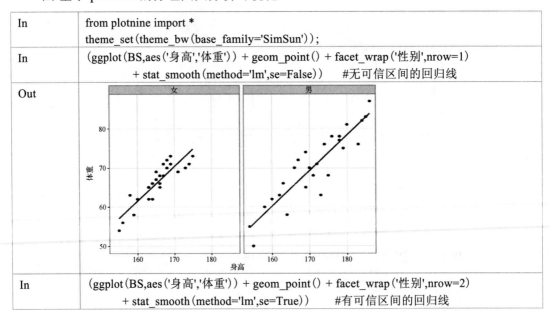
In	(ggplot(BS,aes('身高','体重')) + geom_point() + facet_wrap('性别',nrow=2) + stat_smooth(method='lm',se=True))　　#有可信区间的回归线

Out
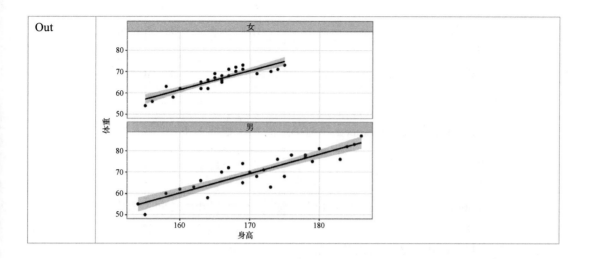

习题 7

一、选择题

1. 关于相关系数 r，下列说法不正确的是_____。

   A．取值范围为$[-1,1]$

   B．相关系数是协方差的标准化形式，仍受单位的影响

   C．$-1<r<0$ 表示变量负线性相关

   D．$r=1$ 表示变量完全正线性相关

2. 将图绘制区域分成两部分，可以采用如下哪个代码实现？_____

   A．plt.subplot(111)　　　　　　　B．plt.subplot(121)

   C．plt.subplot(211)　　　　　　　D．plt.subplot(112)

3. 相关系数的显著性检验用到的检验函数是_____。

   A．scatter()　　　B．constant()　　　C．pearsonr()　　　D．subplot()

4. 以下哪个函数表示添加回归线？_____

   A．plt.legend()　　B．plt.title()　　C．plt.plot()　　　D．plt.figure()

5. 阅读如下代码：

```
import statsmodels.api as sm
fm1=sm.OLS(y,sm.add_constant(x)).fit()
S=fm1.tvalues;S
W=fm1.pvalues;W
```

   其中，x 为身高数据，y 为体重数据。下列哪个说法是不正确的？_____

   A．S 为系数的 t 检验值　　　　　B．W 为系数的 t 检验概率

   C．S 为参数估计值　　　　　　　D．W 为参数拟合值

6. 以下哪个不是建立线性模型的作用？_____

A．影响因素分析 B．进行估计 C．用来预测 D．进行分类

7．以下哪个命令表示预测？ _____

A．table B．summary C．predict D．fit

二、计算题

1．今测得汽车的行驶速度 speed 和刹车距离 dist 数据如下。

```
speed:  4,4,7,7,8,9
dist:   2,10,4,22,16,10
```

(1)做 speed 与 dist 的散点图，并以此判断 speed 与 dist 之间是否大致呈线性相关关系。

(2)计算 speed 与 dist 的相关系数并做假设检验。

(3)做 speed 对 dist 的 OLS 回归分析，并给出常用统计量。

(4)预测当 speed=30 时，dist 等于多少。

2．由专业知识可知，合金的强度 $y(10^7\text{Pa})$ 与合金中碳的含量 $x(\%)$ 有关。为了生产出强度满足顾客需要的合金，在冶炼时应该如何控制碳的含量？如果在冶炼过程中通过化验得知了碳的含量，能否预测这炉合金的强度？

x：0.10, 0.11, 0.12, 0.13, 0.14, 0.15, 0.16, 0.17, 0.18, 0.20, 0.21, 0.23

y：42, 43.5, 45, 45.5, 45, 47.5, 49, 53, 50, 55, 55, 60

(1)做 x 与 y 的散点图，并以此判断 x 与 y 之间是否大致呈线性相关关系。

(2)计算 x 与 y 的相关系数并做假设检验。

(3)做 y 对 x 的最小二乘回归分析，并给出常用统计量。

(4)估计当 $x=0.22$ 时，y 等于多少；预测当 $x=0.25$ 时，y 等于多少。

第8章 数据的预测分析及可视化

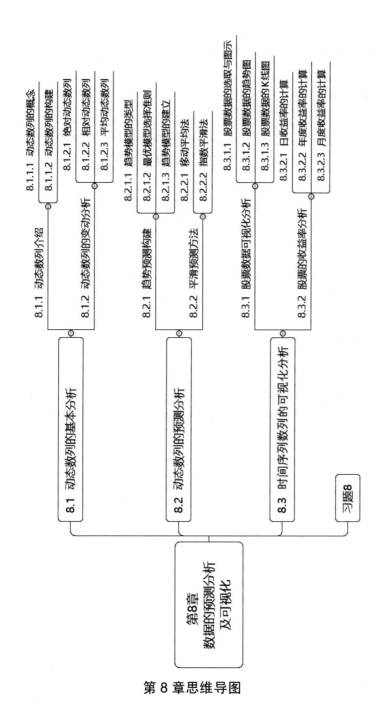

第 8 章思维导图

预测就是根据已有的调查资料和统计数据，研究现象中隐藏的规律性，并对现象未来的发展做出预测。预测涉及很多领域，如社会预测、经济预测、人口预测、气象预测、科技预测等。

8.1 动态数列的基本分析

8.1.1 动态数列介绍

8.1.1.1 动态数列的概念

（1）定义

动态数列指将同一统计指标的数值按其发生的时间先后顺序排列而成的数列。动态数列分析的主要目的是根据已有的历史数列对未来进行预测。

（2）构成要素

动态数列由两个基本要素组成，一个是资料所属的时间；另一个是时间上的统计指标数值，习惯上称之为动态数列中的发展水平。

（3）作用

① 动态数列可以描述社会经济现象在不同时间的发展状态和过程。

② 借助动态数列可以研究社会经济现象的发展趋势和速度，以及掌握发展变化的规律性。

③ 借助动态数列可以进行分析和预测。

8.1.1.2 动态数列的构建

【数据准备】时间序列数据是一类比较特殊的动态数据，自有一套数据处理和统计分析方法。例 2.2 给出了 2001—2015 年我国国内生产总值的季度数据，显然，这些数据都是时间序列数据，为动态数列。

（1）获取时间序列数据

In	import pandas as pd #加载数据分析包
	pd.set_option('display.precision',4) #设置 pandas 输出精度
	QTdata=pd.read_excel('DaPy_data.xlsx','QTdata',index_col=0);
	QTdata
| Out | ```
        GDP
YQ
2001Q1  2.330
2001Q2  2.565
2001Q3  2.687
2001Q4  3.384
2002Q1  2.536
2002Q2  2.797
2002Q3  2.972
``` |
```

2002Q4	3.728
⋮	⋮

时间序列数据是一类比较特殊的数据，通常需将其转换成规则的时间序列格式。

(2)季度序列数据图示

In	#%config InlineBackend.figure_format = 'retina' #可提高图形显示的清晰度
	QTdata.plot(grid=True);

Out	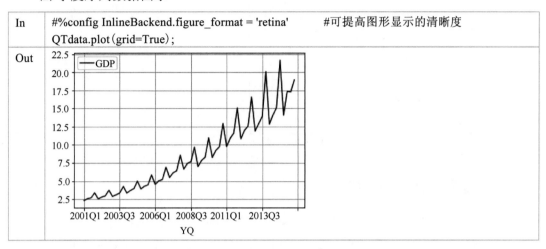

(3)构建年度序列数据

In	QTdata['Year']=QTdata.index.str[:4]; QTdata #生成年度变量
| Out | ```
         GDP    Year
YQ
2001Q1   2.330   2001
2001Q2   2.565   2001
2001Q3   2.687   2001
2001Q4   3.384   2001
2002Q1   2.536   2002
2002Q2   2.797   2002
2002Q3   2.972   2002
2002Q4   3.728   2002
⋮
``` |
| In | #形成年度序列数据
YGDP=QTdata.groupby(['Year'])['GDP'].sum(); YGDP |
| Out | ```
Year
2001    10.966
2002    12.033
2003    13.582
2004    15.988
2005    18.494
2006    21.631
2007    26.581
2008    31.404
2009    34.091
2010    40.151
2011    47.311
2012    51.947
``` |

	2013	58.802
	2014	63.646
	2015	67.671
In	YGDP.plot(grid=True);	
Out	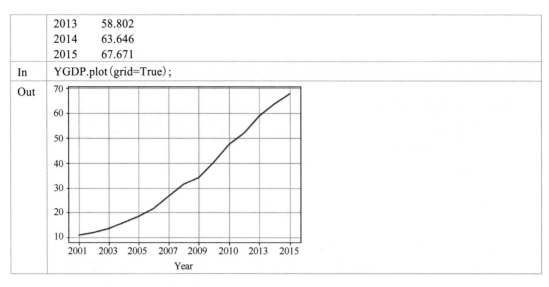	

8.1.2 动态数列的变动分析

按表现形式的不同，动态数列可分为绝对动态数列、相对动态数列。

动态数列的变动分析指标包括定比、环比与同比，都可以用百分数或倍数表示。

定基比发展速度，一般指报告期水平与某一固定时期水平之比，表明这种现象在较长时期内总的发展速度。

环比发展速度，一般指报告期水平与前一时期水平之比，表明现象逐期的发展速度。

8.1.2.1 绝对动态数列

把一系列同类的总量指标按时间先后顺序排列而形成的动态数列，称为绝对动态数列或绝对增长量，说明事物在一定时期所增加的绝对数量。可分别计算累计增长量和逐期增长量，即定基增长量和环比增长量。

(1)定基增长量

定基增长量指报告期指标与某一固定期(基期水平)指标之差，简称定基数。

$$定基数 = a_i - a_1$$

式中，a_i 为第 i 期指标，a_1 为第 1 期(基期)指标。

In	YGDPds=pd.DataFrame(YGDP); #构建年度动态序列框 YGDPds['定基数']= YGDP- YGDP[:1].values; YGDPds
Out	GDP 定基数 Year 2001 10.966 0.000 2002 12.033 1.067 2003 13.582 2.616 2004 15.988 5.022 2005 18.494 7.528 2006 21.631 10.665

2007	26.581	15.615
2008	31.404	20.438
2009	34.091	23.125
2010	40.151	29.185
2011	47.311	36.345
2012	51.947	40.981
2013	58.802	47.836
2014	63.646	52.680
2015	67.671	56.705

（2）环比增长量

报告期的指标与前一期指标之差，简称环基数或环比数。

$$环基数 = a_i - a_{i-1}$$

式中，a_i 为第 i 期指标，a_{i-1} 为第 $i-1$ 期指标。

In	YGDPds['环基数']= YGDP- YGDP.shift（1）； #shift（1）向下移动 1 个单位 YGDPds
Out	GDP　定基数　环基数 Year 2001　10.966　　0.000　　NaN 2002　12.033　　1.067　　1.067 2003　13.582　　2.616　　1.549 2004　15.988　　5.022　　2.406 2005　18.494　　7.528　　2.506 2006　21.631　10.665　　3.137 2007　26.581　15.615　　4.950 2008　31.404　20.438　　4.823 2009　34.091　23.125　　2.687 2010　40.151　29.185　　6.060 2011　47.311　36.345　　7.160 2012　51.947　40.981　　4.636 2013　58.802　47.836　　6.855 2014　63.646　52.680　　4.844 2015　67.671　56.705　　4.025

8.1.2.2　相对动态数列

把一系列同类的相对指标数值按时间先后顺序排列而形成的动态数列，称为相对动态数列。它可以用来说明社会现象间的相对变化情况。

（1）定基发展速度（定基比）

统一用某个时期的指标做基数，以各时期的指标与之相比。

$$定基比 = 100*a_i/a_1$$

式中，a_i 为第 i 期指标，a_1 为第 1 期（基期）指标。

In	YGDPds['定基比']=100*YGDP/YGDP[:1].values;YGDPds			
Out		GDP	定基数	环基数	定基比
	Year				
	2001	10.966	0.000	NaN	100.0000
	2002	12.033	1.067	1.067	109.7301
	2003	13.582	2.616	1.549	123.8556
	2004	15.988	5.022	2.406	145.7961
	2005	18.494	7.528	2.506	168.6486
	2006	21.631	10.665	3.137	197.2552
	2007	26.581	15.615	4.950	242.3947
	2008	31.404	20.438	4.823	286.3761
	2009	34.091	23.125	2.687	310.8791
	2010	40.151	29.185	6.060	366.1408
	2011	47.311	36.345	7.160	431.4335
	2012	51.947	40.981	4.636	473.7096
	2013	58.802	47.836	6.855	536.2210
	2014	63.646	52.680	4.844	580.3939
	2015	67.671	56.705	4.025	617.0983

(2)环比发展速度(环基比)

以前一时期的指标做基数,以相邻的后一时期的指标与之相比。

$$环基比 = 100 * a_i / a_{i-1}$$

式中,a_i 为第 i 期指标,a_{i-1} 为第 $i-1$ 期指标。

In	YGDPds['环基比']=(YGDP/YGDP.shift(1)−1)*100;YGDPds			
Out		GDP 定基数	环基数	定基比	环基比
	Year				
	2001	10.966 0.000	NaN	100.0000	NaN
	2002	12.033 1.067	1.067	109.7301	109.7301
	2003	13.582 2.616	1.549	123.8556	112.8729
	2004	15.988 5.022	2.406	145.7961	117.7146
	2005	18.494 7.528	2.506	168.6486	115.6743
	2006	21.631 10.665	3.137	197.2552	116.9623
	2007	26.581 15.615	4.950	242.3947	122.8838
	2008	31.404 20.438	4.823	286.3761	118.1445
	2009	34.091 23.125	2.687	310.8791	108.5562
	2010	40.151 29.185	6.060	366.1408	117.7760
	2011	47.311 36.345	7.160	431.4335	117.8327
	2012	51.947 40.981	4.636	473.7096	109.7990
	2013	58.802 47.836	6.855	536.2210	113.1961
	2014	63.646 52.680	4.844	580.3939	108.2378
	2015	67.671 56.705	4.025	617.0983	106.3240

8.1.2.3 平均动态数列

把一系列同类的指标数值按时间先后顺序排列而形成动态数列,对其求几何均值,称为平均动态数列。它可以用来说明社会现象在不同时期的一般水平的发展变化情况。

平均发展速度：用于概括某一时期的发展速度变化，即该时期环比几何均数。

$$ADR = \sqrt[n]{\frac{a_2}{a_1}\frac{a_3}{a_2}\cdots\frac{a_n}{a_{n-1}}} = \sqrt[n]{\frac{a_n}{a_1}}$$

In	n=1/len(YGDP) ADR=(YGDP[−1:].values/YGDP[:1].values)**n print('\n 平均增长量 = %5.3f' % ADR)
Out	平均增长量 = 1.129

8.2 动态数列的预测分析

目前常用的预测分析法有趋势模型预测法和时间序列预测法，利用 Python 提供的分析工具可以很方便地进行预测分析。

8.2.1 趋势预测构建

如果一个时间序列没有季节因素，只有趋势(如前述年度数据)，那么可构建趋势预测模型进行预测。趋势描述的是时间序列的整体走势，比如总体上升或者总体下降。

趋势预测的关键在于选择合适的趋势模型，而所确定的形式可以是经验的(根据实际观测数据的表现形式)或理论的(根据变量间关系的专业知识)。

8.2.1.1 趋势模型的类型

趋势模型通常有一次模型(直线)、对数模型(对数曲线)、指数模型(指数曲线)和幂函数模型(幂函数曲线)等。

(1)一次模型：$y = a + bx$

In	import numpy as np n=20 x=np.arange(n)+1　　　　　　　#生成 1:n 的等差数列 y=1+2*x
In	import matplotlib.pyplot as plt plt.plot(x,y,'o-');　　　　　　　#点线图
Out	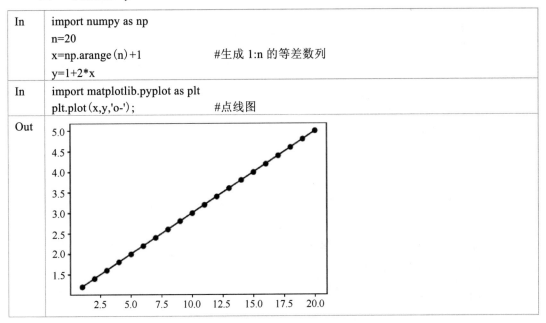

(2) 对数模型：$y = a + b\log x$

对 x 取对数可将其转换为线性模型：$y=a+b\log(x)=a+bx'$。

这里 $x'=\log(x)$，这时可拟合线性模型 $y=a+bx'$。

对数函数的特点是随着 x 的增大，x 的变动对因变量 y 的影响效果递减。

In	plt.plot(x,1+0.2*np.log(x),'o-');
Out	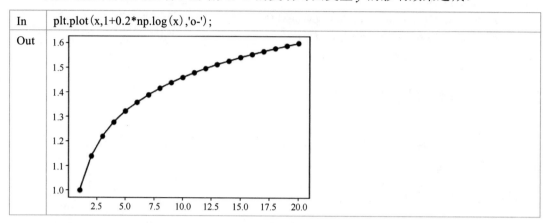

(3) 指数模型：$y=ae^{bx}$

若对指数函数两端取自然对数，可得线性模型：$\ln y=\ln a+bx$。

令 $y'=\ln y$，$a'=\ln a$，可拟合线性模型：$y'=a'+bx$。

指数函数广泛应用于描述客观现象的变动趋势。例如，产值、产量按一定比率增长或降低，就可以用这类函数近似表示。

In	y=0.2*np.exp(0.1*x) plt.plot(x,y,'o-');
Out	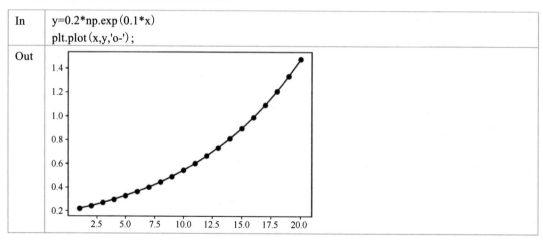

(4) 幂函数：$y=ax^b$

若对幂函数 $y=ax^b$ 两端求自然对数，即可得线性模型：$\ln y=\ln a+b\ln x$。

令 $y'=\ln y$，$a'=\ln a$，$x'=\ln x$，可拟合线性模型：$y'=a'+bx'$。

这类函数的特点是，方程中的参数可以直接反映因变量对于某个自变量的弹性。所谓 y 对于 x 的弹性，指 x 变动 1%时所引起的 y 变动的百分比。

In	y=0.2*x**0.1 plt.plot(x,y,'o-');

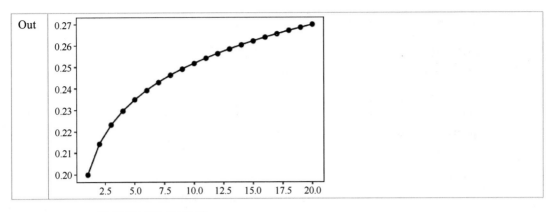

8.2.1.2 最优模型选择准则

最优模型选择准则如下：

① 根据以上模型，可分别建立各自转化后的趋势模型。

② 分析各模型的 t 检验值，看各方程是否达到显著程度。

③ 再列表比较模型相关系数或决定系数（相关系数的平方，也称模型的拟合优度）的大小，相关系数的绝对值越大，表示经该代换后，线性趋势关系越密切；选取相关系数绝对值最大的模型作为最优化模型。

在此过程中，变量的相关系数或模型的决定系数与模型系数 t 检验的计算，可借助数据分析软件 Python、R 或其他统计软件来完成。这样不仅可大大减少研究者的工作量，而且提高了计算结果的准确性，增强最后选择的客观性。

趋势模型的基本任务是通过两个相关变量 x 与 y 的实际观测数据建立趋势回归方程，以揭示 x 与 y 间的趋势关系。

8.2.1.3 趋势模型的建立

对 2001—2015 年我国国内生产总值数据进行趋势预测分析。

从年度国内生产总值的散点图可以看出，本例资料具有一定的线性趋势，可直接拟合直线方程。

In	import statsmodels.api as sm Yt=YGDP　　　　　　　　　　　#Yt=YGDP=QTdata.groupby(['Year'])['GDP'].sum() Xt=np.arange(len(Yt))+1;　#自变量序列 1:n，建模时最好不要直接用年份 Yt_L1=sm.OLS(Yt,sm.add_constant(Xt)).fit(); Yt_L1.summary().tables[1]					
Out		coef	std err	t	P>|t|	[0.025　　0.975]
	const	−0.2149	1.939	−0.111	0.913	−4.404　　3.974
	x1	4.3127	0.213	20.224	0.000	3.852　　4.773

该模型的拟合优度（决定系数）$R^2 = 0.969$，说明拟合直线模型的效果还不错，模型和回归系数检验都有显著的统计学意义。

由于回归模型输出结果较多，故可构建一个简单的趋势函数来进行模型选择。

| In | ```
import warnings                    #忽视警告信息,当例数较少时会有警告
warnings.filterwarnings("ignore")
def trendmodel(y,x):               #定义直线回归模型, x 为自变量, y 为因变量
    fm=sm.OLS(y,sm.add_constant(x)).fit()
    sfm=fm.summary2()
    print("模型检验:\n",sfm.tables[1])
    R2=np.corrcoef(x,y)[0,1]**2    #相关系数平方=sfm.tables[0][1][6]
    print("决定系数: %5.4f"%R2)
    return fm.fittedvalues
``` |
| --- | --- |

（1）线性模型

In	L1=trendmodel(Yt,X1); plt.plot(Yt,'o',L1,'r-');
Out	模型检验: |	Coef.	Std.Err.	t	P>|t|	[0.025	0.975]
const	−0.2149	1.9389	−0.1108	9.1344e−01	−4.4035	3.9738
x1	4.3127	0.2132	20.2240	3.3003e−11	3.8520	4.7734	 决定系数: 0.969 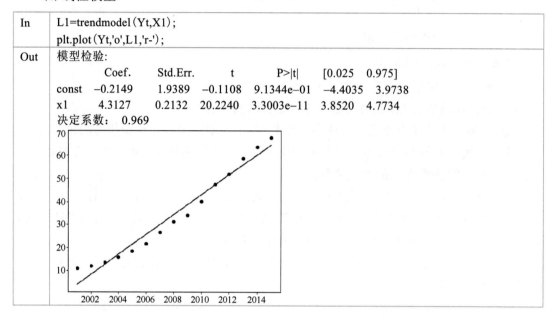

（2）指数曲线

In	L2=trendmodel(np.log(Yt),Xt); #对 Yt 取对数 plt.plot(Yt,'o',np.exp(L2),'r-'); #对 Yt 的拟合值取反对数
Out	模型检验: |	Coef.	Std.Err.	t	P>|t|	[0.025	0.975]
const	2.2470	0.0319	70.5402	3.4730e−18	2.1782	2.3158
x1	0.1396	0.0035	39.8353	5.6529e-15	0.1320	0.1471	 决定系数: 0.992 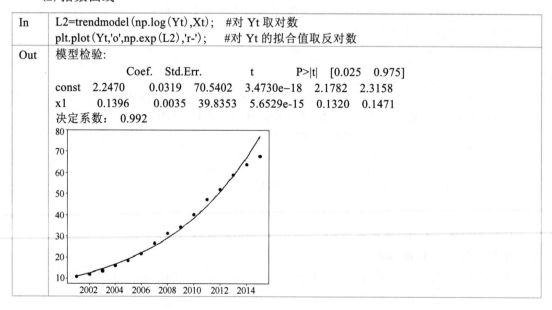
```

该模型的决定系数(拟合优度)$R^2 = 0.992$,说明拟合指数曲线模型的效果很不错,模型和回归系数检验都有显著的统计学意义。

有兴趣的读者可按趋势函数构建其他类型的模型。

从前面季度数据的趋势图中可以看到,由于这类数据带有季节因素,所以采用线性或非线性模型只能预测时间序列的大概趋势,而无法精确预测,要更精确地预测,须采用下面的平滑预测方法和模型。

8.2.2 平滑预测方法

时间序列预测法用来分析时间序列的变化趋势,预测目标的未来值,常用于分析影响事物的主要因素比较困难的情况。如果历史数据是按时间序列排列并呈周期性变化的,则在进行时间序列预测分析之前需要削减周期性变化的因素,这时应该对数据进行平滑处理。常用的两种平滑预测算法有移动平均法和指数平滑法。

如果一个时间序列既包含趋势,也包含季节因素(如前述季度数据),那么单纯构建趋势模型通常是不准确的,须构建平滑模型来进行预测。

估计趋势部分最常用的方法便是平滑法,比如计算时间序列的简单移动平均法。为了更加准确地估计这个趋势部分,可以尝试以更大的跨度进行平滑。

8.2.2.1 移动平均法

移动平均法又称滑动平均法(Moving Average,MA)或滚动平均法(Rolling Average,RA)。

移动平均法是一种简单平滑预测技术,它的基本思想是,根据时间序列资料逐项推移,依次计算包含一定项数的数据平均值,以反映长期趋势。因此,当时间序列的数值受周期变动和随机波动的影响而起伏较大,不易显示出事件的发展趋势时,使用移动平均法可以消除这些因素的影响,显示出事件的发展方向与趋势(趋势线),然后依趋势线分析预测时间序列的长期趋势。

移动平均法是用一组最近的实际数值来预测未来一期或几期内产品的需求量、公司产能等的一种常用方法。移动平均法适用于即期预测。当需求既不快速增长也不快速下降,且不存在季节因素时,移动平均法能有效地消除预测中的随机波动,非常有用。移动平均法共三类:简单平均法、简单移动平均法、加权移动平均法。

(1)简单平均法

简单平均法非常简单,过去一定时期内数据序列的简单平均数就是对未来的预测数,在时序数据预测中用处不大。

$$Y_t = (Y_1 + Y_2 + Y_3 + \cdots + Y_n)/n$$

式中,Y_t为对下一期的预测值。

In	Qt=QTdata.GDP; Qt
	Qt.mean()　　　　　　　　#季节数据的平均
Out	8.5716333333333335

(2)简单移动平均法

简单移动平均法的各元素的重要性(权重)相等。计算公式如下：

$$Y_t=(Y_{t-1}+Y_{t-2}+Y_{t-3}+\cdots+Y_{t-k})/k$$

式中，Y_t 为对下一期的预测值；k 为移动平均的时期个数；Y_{t-1} 为前一期的实际值，Y_{t-2}，Y_{t-3} 和 Y_{t-k} 分别表示前两期、前三期直至前 k 期的实际值。

Python 的 pandas 包中的 rolling 函数可以用简单移动平均法来平滑时间序列数据。

In	QtM=pd.DataFrame(Qt);
	QtM['M2']=Qt.rolling(3).mean(); #2 阶移动平均
	QtM['M4']=Qt.rolling(5).mean(); #4 阶移动平均
	QtM

Out		GDP	M2	M4
	2001Q1	2.330	NaN	NaN
	2001Q2	2.565	NaN	NaN
	2001Q3	2.687	2.527333	NaN
	2001Q4	3.384	2.878667	NaN
	2002Q1	2.536	2.869000	2.7004
	2002Q2	2.797	2.905667	2.7938
	2002Q3	2.972	2.768333	2.8752
	2002Q4	3.728	3.165667	3.0834
	......			
	2015Q1	14.067	16.936333	15.5426
	2015Q2	17.351	17.691333	16.4486
	2015Q3	17.316	16.244667	17.0952
	2015Q4	18.937	17.868000	17.8654

In	QtM.plot();
Out	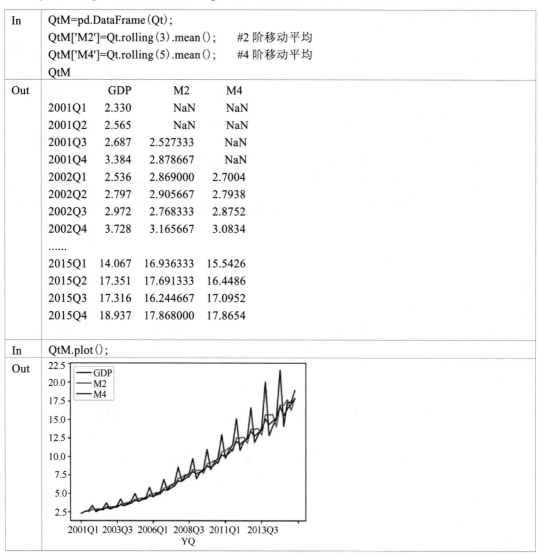

简单移动平均法的优缺点：

使用简单移动平均法进行预测，能平滑掉需求的突然波动对预测结果的影响，但也存在如下问题。

① 加大简单移动平均法的期数(k 值)会使平滑波动的效果更好，但会使预测值对数据的实际变动更不敏感；

② 简单移动平均值并不能总是很好地反映出趋势，由于是平均值，故预测值总是停留在过去的水平上，而无法预测会导致将来更高还是更低的波动；

③ 简单移动平均法要有大量过去数据的记录。

（3）加权移动平均法

加权移动平均法给固定跨越期限内的每个变量值以不相等的权重。其原理是，历史各期产品需求的数据信息对预测未来期内需求量的作用是不一样的。除以 k 为周期的周期性变化外，远离目标期的变量值的影响力相对较低，故应给予较低的权重。加权移动平均法的计算公式如下：

$$Y_t = w_1 Y_{t-1} + w_2 Y_{t-2} + w_3 Y_{t-3} + \cdots + w_k Y_{t-k}$$

式中，w_i 为第 $t-i$ 期实际值的权重；k 为预测的周期数。

$$w_1 + w_2 + w_3 + \cdots + w_k = 1$$

在运用加权移动平均法时，权重的选择是一个应该注意的问题。经验法和试算法是选择权重的最简单的方法。一般而言，近期的数据最能预示未来的情况，因而权重应大些。所以实际应用中使用较多的是下面介绍的指数平滑法，它可以看成一种加权移动平均法。

8.2.2.2　指数平滑法

指数平滑法（Exponential Smoothing，简记为 ES；也称指数加权移动法，简记为 EWM）是布朗提出的，布朗认为时间序列的态势具有稳定性或规则性，所以时间序列可被合理地顺势推延；他认为最近的过去态势，在某种程度上会持续到未来，所以将较大的权数放在最近的资料上。

指数平滑法是生产预测中常用的一种方法，也用于中短期经济发展趋势预测。所有预测方法中，指数平滑法是用得最多的一种。简单平均法对时间序列的过去数据一个不漏地全部加以同等利用；移动平均法则不考虑较远期的数据，并在加权移动平均法中给予近期数据更大的权重；而指数平滑法则兼具简单平均法和移动平均法所长，不舍弃过去的数据，但是仅给予逐渐减弱的影响程度，即随着数据的远离，赋予其逐渐收敛为零的权数。也就是说，指数平滑法是在移动平均法基础上发展起来的一种时间序列分析预测法，它通过计算指数平滑值，配合一定的时间序列预测模型对现象的未来进行预测。其原理是任一期的指数平滑值都是本期实际观察值与前一期指数平滑值的加权平均。

一阶指数平滑法的基本公式如下：

$$S_t = \alpha Y_t + (1 - \alpha) S_{t-1}$$

式中，S_t 为时间 t 的平滑值，S_0 为初值，可取为 Y_1；

Y_t 为时间 t 的实际值；

S_{t-1} 为时间 $t-1$ 的实际值；

α 为平滑常数，取值范围为 $[0,1]$。

α 越接近 1，平滑后的值越接近当前时间的数据值，数据越不平滑；α 越接近 0，平滑后的值越接近前 i 个数据的平滑值，数据越平滑。α 的值通常可以多尝试几次以达到较佳效果。

设平滑系数为 0.3 和 0.8，代码如下：

In	QtE=pd.DataFrame(Qt); QtE['E03']=Qt.ewm(alpha=0.3).mean(); #平滑系数=0.3 QtE['E08']=Qt.ewm(alpha=0.8).mean(); #平滑系数=0.8 QtE
Out	GDP E03 E08 2001Q1 2.330 2.330000 2.330000 2001Q2 2.565 2.468235 2.525833 2001Q3 2.687 2.568128 2.655806 2001Q4 3.384 2.890225 3.239295 ...... 2015Q1 14.067 15.926366 15.313874 2015Q2 17.351 16.353756 16.943575 2015Q3 17.316 16.642429 17.241515 2015Q4 18.937 17.330800 18.597903
In	QtE.plot();
Out	

可以看出，平滑系数为 0.8 的拟合效果比 0.3 的好得多。

8.3　时间序列数据的可视化分析

从某证券网站(此类网站很多)收集到 2005-01-01—2017-12-30 苏宁易购(股票代码为 002024)每个交易日的股票基本数据(参见例 2.3，包括开盘价(Open)、最高价(High)、最低价(Low)、收盘价(Close)、成交量(Volume)及调整收盘价(Adjusted))，这是一种典型的日期时间序列数据集，共 13 年 3180 组数据，该数据存放在 DaPy_data.xlsx 文档的股票数据【Stock】表中。

In	stock=pd.read_excel('DaPy_data.xlsx','Stock',index_col=0); stock.info()
Out	<class 'pandas.core.frame.DataFrame'> DatetimeIndex: 3180 entries, 2005-01-03 to 2017-12-29 Data columns (total 6 columns): Open 3165 non-null float64

	High		3165 non-null float64				
	Low		3165 non-null float64				
	Close		3165 non-null float64				
	Volume		3165 non-null float64				
	Adjusted		3165 non-null float64				
In	stock.head ()						
Out		Open	High	Low	Close	Volume	Adjusted
	date						
	2005-01-03	0.7025	0.7173	0.7025	0.7130	0.0000e+00	0.6185
	2005-01-04	0.7099	0.7215	0.6941	0.6960	1.0959e+07	0.6038
	2005-01-05	0.6951	0.7082	0.6951	0.7053	6.1651e+06	0.6118
	2005-01-06	0.7023	0.7065	0.6961	0.6968	9.8460e+06	0.6044
	2005-01-07	0.6960	0.7096	0.6946	0.7020	1.3667e+07	0.6090
In	stock=stock.dropna () #由于数据中有 15 个缺失值,故须删除缺失数据 NA stock.info ()						
Out	<class 'pandas.core.frame.DataFrame'> DatetimeIndex: 3165 entries, 2005-01-03 to 2017-12-29 Data columns（total 6 columns）: Open 3165 non-null float64 High 3165 non-null float64 Low 3165 non-null float64 Close 3165 non-null float64 Volume 3165 non-null float64 Adjusted 3165 non-null float64						
In	stock.describe ().round (3) #round (stock.describe (),3)						
Out		Open	High	Low	Close	Volume	Adjusted
	count	3165.000	3165.000	3165.000	3165.000	3.165000e+03	3165.000
	mean	9.223	9.415	9.048	9.231	7.176711e+07	8.908
	std	4.218	4.311	4.124	4.216	9.336308e+07	4.097
	min	0.695	0.706	0.680	0.696	0.000000e+00	0.604
	25%	6.730	6.890	6.630	6.750	2.286934e+07	6.549
	50%	10.344	10.544	10.150	10.350	4.017438e+07	9.960
	75%	12.030	12.280	11.860	12.050	7.741391e+07	11.666
	max	22.280	23.540	21.750	22.800	8.560013e+08	22.525

下面对苏宁易购股票数据进行一些简单的指标分析。

8.3.1 股票数据可视化分析

8.3.1.1 股票数据的选取与图示

（1）数据选取

In	stock[['Close','Volume']] #收盘价与成交量数据		
Out		Close	Volume
	date		
	2005-01-03	0.7130	0.0000e+00

	2005-01-04 0.6960 1.0959e+07
	2005-01-05 0.7053 6.1651e+06
	2005-01-06 0.6968 9.8460e+06
	2005-01-07 0.7020 1.3667e+07
	... ...
	2017-12-25 12.3800 6.5682e+07
	2017-12-26 12.5200 3.0913e+07
	2017-12-27 12.1800 5.3813e+07
	2017-12-28 12.1800 3.3693e+07
	2017-12-29 12.2900 2.5372e+07
	3165 rows × 2 columns
In	stock['2015']['Close'] #年度收盘价数据
Out	date
	2015-01-05 9.36
	2015-01-06 9.48
	2015-01-07 9.34
	2015-01-08 9.53
	2015-01-09 9.37
	... ...
	2015-12-25 14.00
	2015-12-28 13.51
	2015-12-29 13.68
	2015-12-30 13.75
	2015-12-31 13.45
	Name: Close, Length: 244, dtype: float64
In	stock['2015-10']['Close'] #月度收盘价数据
Out	date
	2015-10-08 12.700000
	2015-10-09 13.050000
	2015-10-12 13.900000
	2015-10-13 13.850000
	2015-10-14 14.000000
	2015-10-15 14.680000
	2015-10-16 14.600000
	2015-10-19 14.460000
	2015-10-20 15.910000
	2015-10-21 14.930000
	2015-10-22 16.389999
	2015-10-23 16.280001
	2015-10-26 16.120001
	2015-10-27 16.150000
	2015-10-28 15.400000
	2015-10-29 15.960000
	2015-10-30 16.260000
	Name: Close, dtype: float64

(2) 价格趋势图

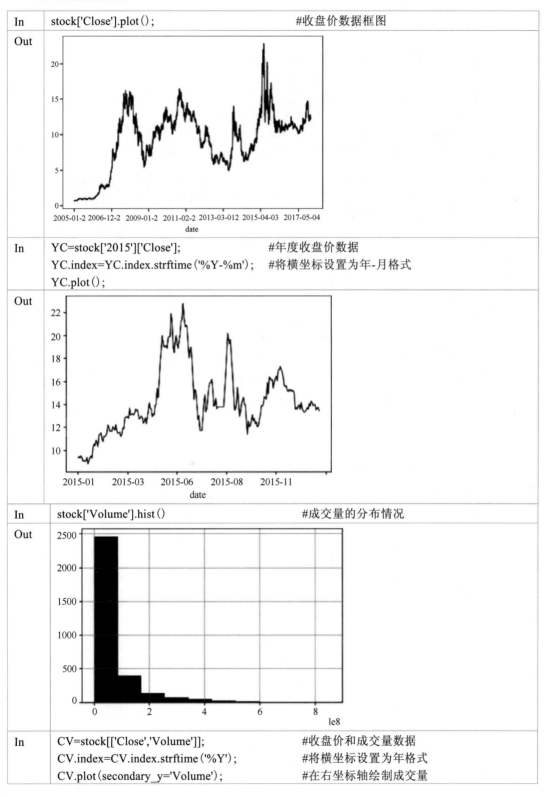

In	stock['Close'].plot(); #收盘价数据框图
Out	

In	YC=stock['2015']['Close']; #年度收盘价数据
	YC.index=YC.index.strftime('%Y-%m'); #将横坐标设置为年-月格式
	YC.plot();

Out	
In	stock['Volume'].hist() #成交量的分布情况
Out	

In	CV=stock[['Close','Volume']]; #收盘价和成交量数据
	CV.index=CV.index.strftime('%Y'); #将横坐标设置为年格式
	CV.plot(secondary_y='Volume'); #在右坐标轴绘制成交量

Out	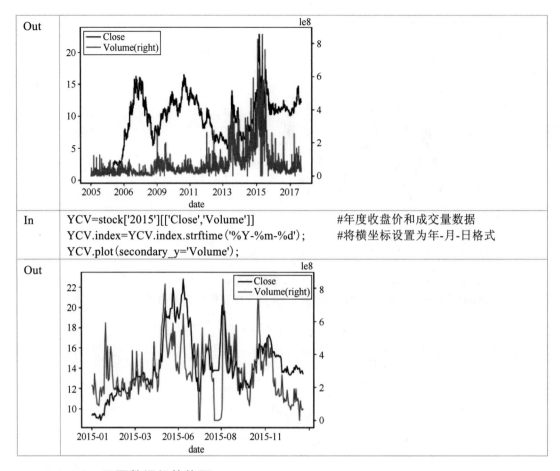	
In	YCV=stock['2015'][['Close','Volume']] YCV.index=YCV.index.strftime('%Y-%m-%d'); YCV.plot(secondary_y='Volume');	#年度收盘价和成交量数据 #将横坐标设置为年-月-日格式
Out	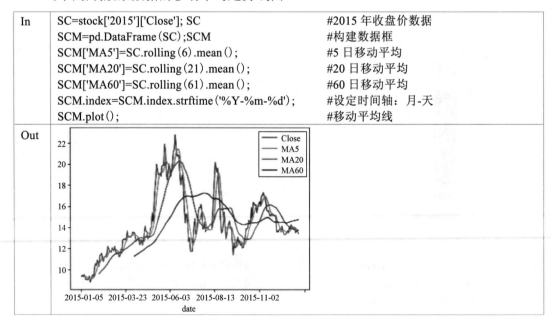	

8.3.1.2　股票数据的趋势图

下面绘制股票数据的移动平均趋势线图。

In	SC=stock['2015']['Close']; SC SCM=pd.DataFrame(SC);SCM SCM['MA5']=SC.rolling(6).mean(); SCM['MA20']=SC.rolling(21).mean(); SCM['MA60']=SC.rolling(61).mean(); SCM.index=SCM.index.strftime('%Y-%m-%d'); SCM.plot();	#2015 年收盘价数据 #构建数据框 #5 日移动平均 #20 日移动平均 #60 日移动平均 #设定时间轴：月-天 #移动平均线
Out		

In	SCM.plot(subplots=False,figsize=(12,7),grid=True);
Out	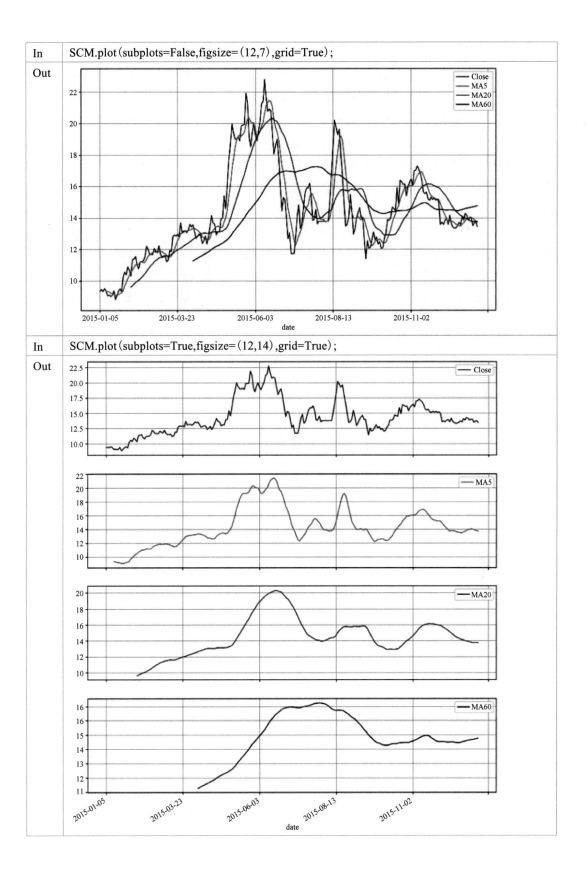
In	SCM.plot(subplots=True,figsize=(12,14),grid=True);
Out	

8.3.1.3 股票数据的 K 线图

K 线图源于日本德川幕府时代，被当时日本米市的商人用来记录米市的行情与价格波动，后因其细腻独到的标画方式而被引入股市及期货市场。由于用这种方法绘制出来的图形状颇似一根根蜡烛，加上这些蜡烛有黑白之分，因而也叫蜡烛图或阴阳线图。通过 K 线图，能够把每日或某一周期的市况表现完全记录下来，股价经过一段时间的盘档后，在图上即形成一种特殊区域或形态，不同的形态表示不同的意义。可以从这些形态的变化中摸索出一些有规律的东西。K 线图形态可分为反转形态、整理形态、缺口和趋向线等。

股市及期货市场中的 K 线图包含四个数据，即开盘价、最高价、最低价、收盘价，所有的 K 线图都围绕这四个数据展开，反映大势的状况和价格信息。如果把每日的 K 线图放在一张纸上，就能得到日 K 线图，同样也可绘出周 K 线图、月 K 线图。

下面我们仅给出股票数据的可视化 K 线图，至于 K 线图的解释，限于篇幅，请参考相关资料。

绘制 K 线图需安装 mplfinance 包。

In	!pip install mplfinance

（1）分析用数据框的构建

In	OHLCV=stock['2015-10':'2015-12'][['Open','High','Low','Close','Volume']];OHLCV					
Out		Open	High	Low	Close	Volume
	date					
	2015-10-08	12.12	12.94	12.12	12.70	2.0044e+08
	2015-10-09	12.72	13.32	12.61	13.05	2.1790e+08
	2015-10-12	13.10	14.18	13.03	13.90	3.4242e+08
	2015-10-13	13.71	13.93	13.62	13.85	1.9723e+08
	2015-10-14	13.75	14.47	13.74	14.00	3.0091e+08
	... ...	... ...	...			
	2015-12-25	14.00	14.00	14.00	14.00	0.0000e+00
	2015-12-28	13.92	14.00	13.50	13.51	1.1940e+08
	2015-12-29	13.50	13.76	13.38	13.68	7.9428e+07
	2015-12-30	13.69	13.87	13.64	13.75	6.3783e+07
	2015-12-31	13.79	13.79	13.35	13.45	6.9984e+07
	61 rows × 5 columns					

（2）K 线图的绘制

In	import matplotlib.pyplot as plt	
	import mplfinance as mpf	#加载 mplfinance 包
	mpf.plot（OHLCV,type='ohlc'）;	#ohlc 图

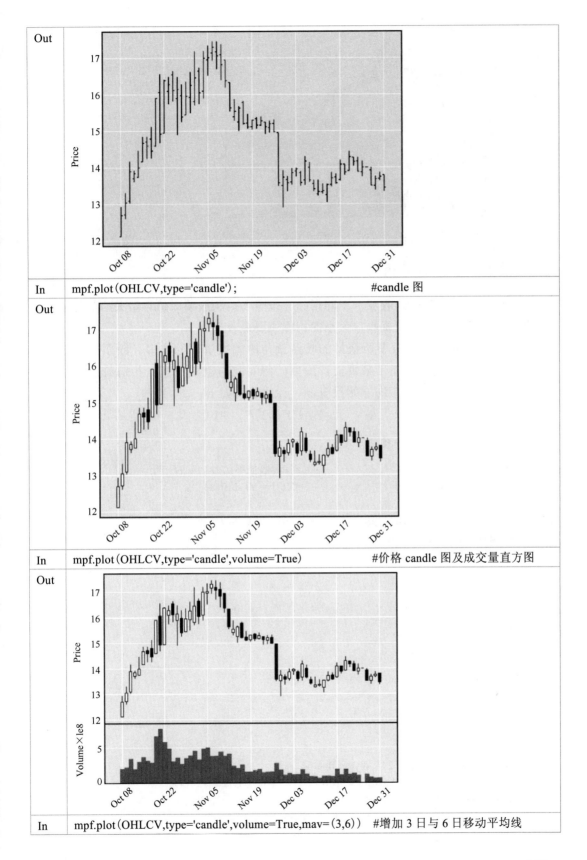

| In | mpf.plot（OHLCV,type='candle'）; #candle 图 |

| In | mpf.plot（OHLCV,type='candle',volume=True） #价格 candle 图及成交量直方图 |

| In | mpf.plot（OHLCV,type='candle',volume=True,mav=（3,6）） #增加 3 日与 6 日移动平均线 |

Out	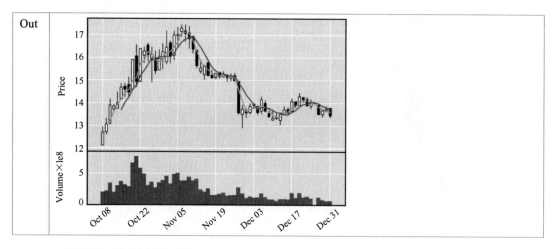	

8.3.2 股票的收益率分析

股票收益率是反映股票收益水平的指标。投资者购买股票或债券最关心的是能获得多少收益，衡量一项证券投资收益大小的指标主要是收益率。

股票收益率是投资于股票所获得的收益额与原始投资额的比率。股票得到投资者的青睐，是因为购买股票能带来收益。股票的绝对收益就是股息，相对收益就是股票收益率。股票收益率 = 收益额/原始投资额，计算公式如下：

$$R_t = (Y_t - Y_{t\_1})/Y_t = Y_t/Y_{t\_1} - 1$$

8.3.2.1 日收益率的计算

In	def Return（Yt）： 　　Rt=Yt/Yt.shift（1）−1 return（Rt）	#计算收益率函数 #Yt_1 = Yt.shift（1）
In	SA=stock['2015']['Adjusted']; SA[:10] SA_R=Return（SA）; SA_R	#2015 年调整收盘价
Out	date 2015-01-05　　　NaN 2015-01-06　　　0.0128 2015-01-07　　−0.0148 2015-01-08　　　0.0203 2015-01-09　　−0.0168 　　　　　　　... 2015-12-25　　　0.0000 2015-12-28　　−0.0350 2015-12-29　　　0.0126 2015-12-30　　　0.0051 2015-12-31　　−0.0218 Name: Adjusted, Length: 244, dtype: float64	
In	SA_R.index=SA_R.index.strftime('%m-%d')； plt.rcParams['axes.unicode_minus']=False； plt.stem（SA_R）;　#SA_R.plot（x=SA_R.index）.axhline（y=0）;	#设定时间轴：月-天 #正常显示图中正负号

Out	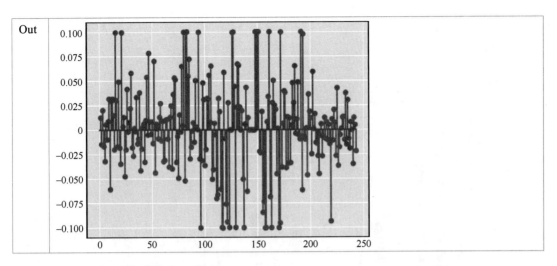

8.3.2.2 年度收益率的计算

In	YR=pd.DataFrame({'Year':stock.index.year,'Adjusted': Return(stock['Adjusted'])});YR	
Out		Year	Adjusted
	date		
	2005-01-03	2005	NaN
	2005-01-04	2005	−0.0238
	2005-01-05	2005	0.0133
	2005-01-06	2005	−0.0120
	2005-01-07	2005	0.0075
	...	...	...
	2017-12-25	2017	−0.0290
	2017-12-26	2017	0.0113
	2017-12-27	2017	−0.0272
	2017-12-28	2017	0.0000
	2017-12-29	2017	0.0090
	3165 rows × 2 columns		
In	YRm=YR.groupby(['Year']).mean();YRm　　　#年度平均收益率	
Out		Adjusted
	Year	
	2005	0.002292
	2006	0.006853
	2007	0.005380
	2008	−0.002085
	2009	0.002675
	2010	0.000007
	2011	−0.001623
	2012	−0.000604
	2013	0.001901

	2014 0.000313 2015 0.002699 2016 −0.000380 2017 0.000479
	YRm.plot(kind='bar').axhline(y=0);
	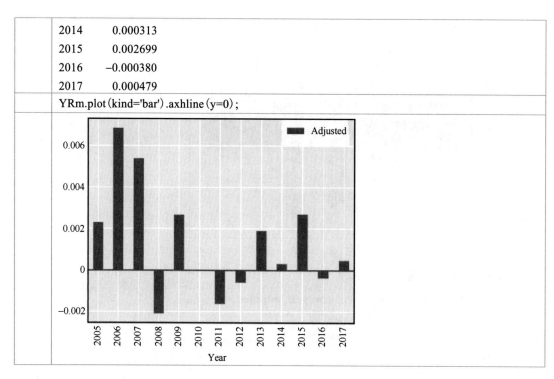

8.3.2.3　月度收益率的计算

In	YMR=pd.DataFrame({'Year':stock.index.year,'Month':stock.index.month, 'Adjusted':Return(stock['Adjusted'])}); YMR
Out	
In	YMRm=YMR.groupby(['Year','Month']).mean(); YMRm #按年和月计算平均收益率
Out	

<table>
<tr><td></td><td></td><td>Adjusted</td></tr>
<tr><td>Year</td><td>Month</td><td></td></tr>
<tr><td>2005</td><td>1</td><td>0.0028</td></tr>
<tr><td></td><td>2</td><td>0.0030</td></tr>
<tr><td></td><td>3</td><td>0.0066</td></tr>
<tr><td></td><td>4</td><td>0.0060</td></tr>
<tr><td></td><td>5</td><td>-0.0039</td></tr>
<tr><td>...</td><td>...</td><td>...</td></tr>
<tr><td>2017</td><td>8</td><td>0.0002</td></tr>
<tr><td></td><td>9</td><td>0.0048</td></tr>
<tr><td></td><td>10</td><td>0.0060</td></tr>
<tr><td></td><td>11</td><td>-0.0084</td></tr>
<tr><td></td><td>12</td><td>0.0016</td></tr>
</table>

156 rows × 1 columns

In	YMRm.unstack().round(4) #结果重排

												Adjusted
Month	1	2	3	4	5	6	7	8	9	10	11	12
Year												
2005	0.0028	0.0030	0.0066	0.0060	-0.0039	0.0061	0.0035	-0.0074	0.0067	-0.0010	-0.0015	0.0070
2006	-0.0018	0.0125	0.0104	0.0075	0.0194	0.0045	-0.0038	0.0022	0.0031	-0.0022	0.0161	0.0131
2007	0.0208	-0.0101	0.0058	0.0099	0.0147	-0.0033	0.0054	0.0137	-0.0012	-0.0000	-0.0077	0.0124
2008	-0.0074	0.0055	-0.0072	0.0011	-0.0035	-0.0102	0.0046	-0.0051	-0.0061	-0.0115	0.0159	-0.0003
2009	-0.0083	0.0018	0.0056	0.0111	-0.0012	0.0048	-0.0014	-0.0045	0.0077	-0.0007	0.0086	0.0041
2010	-0.0063	0.0009	0.0009	-0.0053	-0.0012	0.0028	0.0047	0.0095	0.0029	-0.0022	-0.0045	-0.0022
2011	-0.0020	0.0083	-0.0040	0.0010	-0.0028	0.0026	-0.0014	-0.0019	-0.0060	0.0023	-0.0076	-0.0031
2012	0.0024	0.0017	0.0042	0.0010	-0.0024	-0.0043	-0.0118	-0.0023	0.0077	-0.0014	-0.0061	0.0061
2013	0.0037	-0.0046	-0.0016	-0.0044	0.0034	-0.0128	0.0058	0.0165	0.0265	-0.0088	0.0019	-0.0082
2014	0.0069	-0.0060	-0.0131	-0.0044	0.0046	-0.0025	0.0034	0.0026	0.0073	-0.0019	0.0011	0.0037
2015	0.0093	0.0065	0.0056	0.0005	0.0192	-0.0077	-0.0026	0.0042	-0.0073	0.0183	-0.0076	-0.0007
2016	-0.0106	-0.0016	0.0050	-0.0011	-0.0002	-0.0005	-0.0013	0.0023	-0.0011	0.0021	0.0019	-0.0007
2017	-0.0018	0.0013	-0.0021	-0.0036	0.0025	0.0031	0.0030	0.0002	0.0048	0.0060	-0.0084	0.0016

In

```
YMRm.plot().axhline(y=0);
```

Out

MRm=YMR['2005'].groupby(['Month']).mean();MRm   #2005年每月平均收益率

	Year	Adjusted
Month		
1	2005	0.0028
2	2005	0.0030
3	2005	0.0066
4	2005	0.0060
5	2005	-0.0039
6	2005	0.0061
7	2005	0.0035
8	2005	-0.0074
9	2005	0.0067
10	2005	-0.0010
11	2005	-0.0015
12	2005	0.0070

In	MRm['Adjusted'].plot(kind='bar').axhline(y=0);
Out	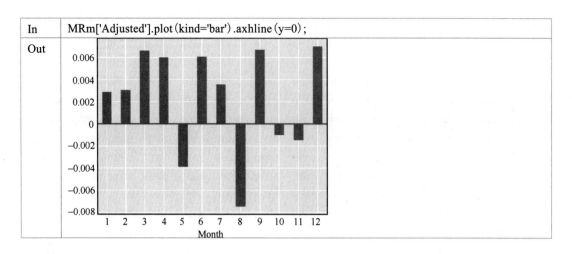

习题 8

一、选择题

1. 动态数列按表现形式可分为_____。

    A．绝对动态数列   B．相对动态数列

    C．平均动态数列   D．标准动态数列

2. 以下关于定基发展速度和环比发展速度的关系的说法不正确的是_____。

    A．两者都属于速度指标

    B．环比发展速度以前一时间的指标为基数，以相邻的后一时间的指标与之相比

    C．定基发展速度以统一的某个时间的指标为基数，以各时间的指标与之相比

    D．相邻两个定基发展速度之商等于相应的环比发展速度

3. 以下关于定基增长量和环比增长量的关系的说法不正确的是_____。

    A．两者都属于数量指标

    B．环比增长量是报告期指标与某一固定期指标之差

    C．定基增长量是某一期指标与固定基期指标之差

    D．环比增长量又称环比数

4. 关于移动平均预测法，以下说法不正确的是_____。

    A．简单平均法将过去一定时间内的数据的平均数看作未来的预测数

    B．简单移动平均法赋予每个元素的权重相等

    C．加权移动平均法赋予每个元素的权重不等

    D．加权移动平均法的期数会使预测值对数据实际变动更加敏感

5. 下列简单移动平均法的命令

```
Qt.rolling(5).mean()
```

代表几阶移动平均_____。

    A．3 阶   B．4 阶   C．5 阶   D．6 阶

6. 下列指数平滑预测法的命令：

```
Qt.ewm(alpha=0.8).mean()
```

其中平滑系数为多少？ _____

A. 0.8   B. 0.2   C. −0.8   D. −0.2

7. 阅读下列命令：

```
import pandas as pd
stock=pd.read_excel('DaPy_data.xlsx','Stock',index_col=0)
stock=stock.dropna()
```

其中 dropna 起什么作用_____。

A. 计算数据中缺失值的个数   B. 将数据中的缺失值改为零

C. 删除数据中的缺失值   D. 将数据中的缺失值改为 1

8. 以下关于股票收益率的说法不正确的是_____。

A. 是反映股票收益水平的指标   B. 是收益额与原始投资额的比率

C. 股票的绝对收益是股票收益率   D. 股票的相对收益是股息

二、计算题

1. AirPassengers 数据集[①]包含了 1949—1960 年间的月度国际航班乘客总人数，该数据是时间序列格式，单位为千人。

(1) 请画出该数据的折线图。

(2) 分别用趋势预测法和平滑预测法进行预测。

2. BJsales 数据集[②]包含了销售数据（BJsales）及其先行指标（BJsales.lead）的数据，数据是时间序列格式。

(1) 请画出该数据的折线图。

(2) 分别用趋势预测法和平滑预测法进行预测。

3. EuStockMarkets 数据集[③]包含了 1991—1998 年间欧洲主要股票交易市场的日收盘价。该数据是时间序列格式，由 1860 行、4 个变量构成。4 个变量分别代表欧洲的 4 个主要股票市场：Germany DAX（Ibis），Switzerland SMI，France CAC，UK FTSE。

(1) 请画出该数据的折线图。

(2) 分别用趋势预测法和平滑预测法进行预测。

4. JohnsonJohnson 数据集[④]包含强生公司 1960—1980 年间的季度收入。该数据是时间序列格式。

(1) 请画出该数据的折线图。

(2) 分别用趋势预测法和平滑预测法进行预测。

---

① ① ② ③ 数据来自 Python 数据包 pydataset。

第 9 章　数据的决策分析及可视化

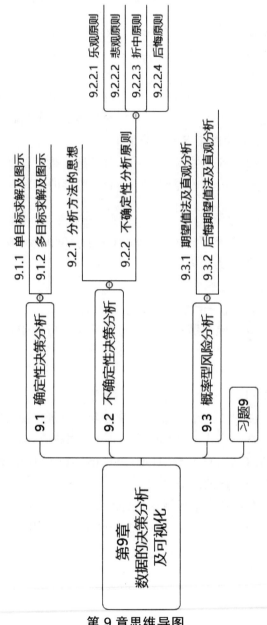

第 9 章思维导图

随着市场经济的迅速发展和一体化,管理者和决策者所面临的决策问题越来越复杂,需要科学地做出正确的分析和决策,判断项目投资的可靠性和稳定性,避免投资后不能获得预期的收益而导致亏损。

常用的决策分析技术有三类:如果决策问题的各个因素都是确定的,则称为确定性分析;如果决策问题的各个因素是不确定的,且其变动情况无法用概率分布来描述,则称为不确定性分析;如果决策问题的各个因素是不确定的,但是其变动情况可以用概率分布来描述,则称为风险分析。

本章的主要内容如下:

(1)确定性分析的基本概念和应用方法:单目标求解、双目标求解;

(2)不确定性分析的基本概念、分析方法和分析原则;

(3)风险分析的基本概念和应用方法。

本章简单地介绍了简单决策分析中常用的三种分析技术:确定性决策分析、不确定性决策分析和概率型风险分析。通过典型例子讲解了如何根据决策对象的性质进行判断、应用正确的分析方法,详细地讲解了三种决策分析技术的基本含义和应用方法。关于更为复杂的决策分析技术见运筹学相关内容。

9.1 确定性决策分析

所谓确定性决策分析,是在决策方案的各个因素都固定不变情况下的研究和估计。这类决策问题比较简单,只需要计算出各种固定条件下各指标的相应值,按照特定的目标从中选择最佳方案即可。

9.1.1 单目标求解及图示

假设某空调商家计划投入资金改进生产设备,以提高生产效率、降低生产成本来获取更多的经济收益,针对某种型号的空调,现拟订如下三个方案。计划改进设备后,该型号空调的销售单价为 2900 元/台,预计其年销售量可达 8000 台。问:该厂选择哪种方案可以获得最大收益?

方案 1:设备投资为 1500000 元,预计投产后的单件成本为 1700 元。

方案 2:设备投资为 2000000 元,预计投产后的单件成本为 1550 元。

方案 3:设备投资为 2500000 元,预计投产后的单件成本为 1400 元。

数据如表 9-1 所示。

表 9-1 空调商家计划投资情况

方案	设备投资(元)	单件成本(元)	年销售量(台)	销售单价(元/台)
方案 1	1500000	1700	8000	2900
方案 2	2000000	1550	8000	2900
方案 3	2500000	1400	8000	2900

在该决策问题中，针对不同的方案，设备投资、单件成本、年销售量以及销售单价都是确定不变的，按要求直接进行计算即可。具体操作步骤如下。

（1）读取数据：将所需数据输入电子表格，如表 9-1 所示，这些数据称为目标值。

In	import pandas as pd Tv=pd.read_excel('DaPy_data.xlsx','Target',index_col=0);Tv #目标值			
Out		设备投资	单件成本	年销售量	销售单价
	方案				
	方案 1	1500000	1700	8000	2900
	方案 2	2000000	1550	8000	2900
	方案 3	2500000	1400	8000	2900

（2）计算年收益。

单目标年收益的计算公式：

$$年收益 = 年销售量×(销售单价-单件成本)-设备投资$$

In	Tv['年收益']=Tv.年销售量*(Tv.销售单价-Tv.单件成本)-Tv.设备投资;Tv				
Out		设备投资	单件成本	年销售量	销售单价	年收益
	方案					
	方案 1	1500000	1700	8000	2900	8100000
	方案 2	2000000	1550	8000	2900	8800000
	方案 3	2500000	1400	8000	2900	9500000

（3）年收益的直观分析。

In	import matplotlib.pyplot as plt plt.rcParams['font.sans-serif']=['SimHei']; Tv['年收益'].plot(kind='bar');
Out	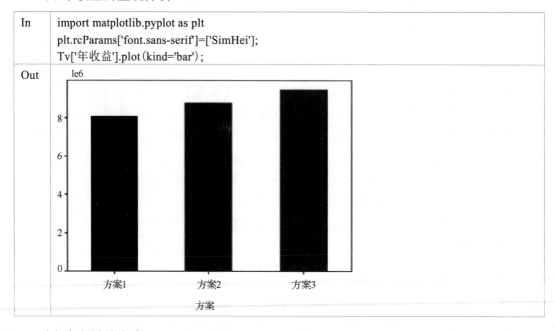

（4）确定最佳方案。

年收益最大者为最佳方案。

In	Tv['年收益'].idxmax()　　　　# 最佳方案
Out	'方案 3'

9.1.2 多目标求解及图示

上例仅涉及一个目标，即使年收益最大，但决策问题的目标往往不止一个，这时就难以简单地用最大值、最小值比较各方案的优劣。可以根据多个方案计算企业认同的一个理想方案，然后再计算各方案与理想方案的差距，从结果中选择与理想方案差距最小的方案。以下在上例基础上添加一个理想方案来说明其操作步骤。

(1)计算理想值：这里假设设备投资最少、单件成本最低、年收益最大者为理想方案。

In	Ev=[min(Tv.设备投资), min(Tv.单件成本), max(Tv.年销售量), max(Tv.销售单价), 　　max(Tv.年收益)]; Ev　　　　　　　　#理想值
Out	[1500000, 1400, 8000, 2900, 9500000]

(2)计算差距：计算出各方案与理想方案的差距。由于理想方案中的某些项是在所有方案中取最大值或者最小值得到的，简单地用方案的实际值减去理想方案值，会出现正值和负值，因此应计算各差值的绝对值的和或各差值的平方的和。

差距的计算公式：

$$差距 = \sum (目标值 - 理想值)^2 = \sum 差值^2$$

In	Tv_Ev2=(Tv−Ev)**2; Tv_Ev2　　　　　　#差值=Tv−Ev				
Out		设备投资	单件成本	年销售量	销售单价	年收益
	方案				
	方案 1	0	90000	0	0	1960000000000
	方案 2	250000000000	22500	0	0	490000000000
	方案 3	1000000000000	0	0	0	0

In	Dv=((Tv−Ev)**2).sum(1); Dv　　　　　#差距
Out	方案
	方案 1　　1960000090000
	方案 2　　　740000022500
	方案 3　　1000000000000

In	Tv['差距']=Dv; Tv					
Out		设备投资	单件成本	年销售量	销售单价	年收益	差距
	方案					
	方案 1	1500000	1700	8000	2900	8100000	1960000090000
	方案 2	2000000	1550	8000	2900	8800000	740000022500
	方案 3	2500000	1400	8000	2900	9500000	1000000000000

(3)差距的直观分析。

In	Dv.plot(kind='bar');

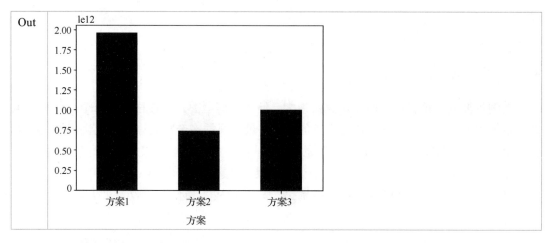

（4）确定最佳方案。

差距最小者为最佳方案。

In	Dv.idxmin()
Out	'方案 2'

下面显示两种方案的选择情况。

In	pd.DataFrame({'单目标':Tv['年收益'],'单目标方案':Tv['年收益']==Tv['年收益'].max(), '多目标':Tv['差距'],'多目标方案':Tv['差距']==Tv['差距'].min()})
Out	单目标　　单目标方案　　　　多目标　　　　多目标方案 方案 方案 1　　8100000　　False　　1960000090000　　False 方案 2　　8800000　　False　　740000022500　　True 方案 3　　9500000　　True　　1000000000000　　False

9.2　不确定性决策分析

所谓不确定性决策分析，是指决策的问题受到各种外部因素变化的影响，即未来事件以及与事件相关的各种条件都可能是不确定的。这是决策分析中常用的一种分析方法。由于这些不确定因素直接影响到项目投资效益，所以应通过分析尽量弄清和减少不确定因素对经济效益的影响，预测项目投资的可靠性和稳定性，避免投资后不能获得预期的收益而导致亏损。

9.2.1　分析方法的思想

进行不确定性决策分析，需要决策人具有丰富的经验、知识、信息，以及对未来发展的判断能力，要采用科学的分析方法。在不确定性决策分析过程中，通常采用以下四种分析方法：盈亏平衡分析、敏感性分析、概率分析和准则分析。

（1）盈亏平衡分析。比较方案的损益值，把各不确定因素引起的不同收益分别计算出来并进行汇总，收益最大的方案为最优方案。

(2)敏感性分析。比较方案的后悔值，所谓后悔值，是指最大收益值与因对不确定因素判断失误而采纳的方案所获得的收益值之差，后悔值最小的方案为最佳方案。

(3)概率分析。运用概率求出期望值，求出各种方案的标准值并进行比较，期望值最好的方案为最佳方案。

(4)准则分析。综合考虑决策的准则要求，不偏离规则。

其中，盈亏平衡分析只用于财务评价，敏感性分析和概率分析可同时用于财务评价和国民经济评价。

下面在 9.1 节例子的基础上增加条件，进一步进行不确定性分析。

9.1 节的确定性决策分析假设空调年销售量固定为 8000 台，但在实际情况中往往不知道确切的市场需求量，这种情况下，假设就可能出现三种自然状态：

(1)当市场年需求量大于预计年销售量时，称其处于"畅销"状态，假设市场年需求量为 12000 台。

(2)当市场年需求量大致等于预计年销售量时，称其处于"一般"状态，假设市场年需求量为 8000 台。

(3)当市场年需求量低于预计年销售量时，称其处于"滞销"状态，假设市场年需求量为 1500 台。

根据上述条件，我们可得到损益矩阵如下：

In	PLm=pd.DataFrame(); #构建损益矩阵 ProfitLoss matrix PLm['畅销']= 12000*(Tv.销售单价–Tv.单件成本)–Tv.设备投资; PLm['一般']= 8000*(Tv.销售单价–Tv.单件成本)–Tv.设备投资; PLm['滞销']= 1500*(Tv.销售单价–Tv.单件成本)–Tv.设备投资; PLm			
Out	畅销　　　一般　　　滞销 方案 方案 1　12900000　8100000　　300000 方案 2　14200000　8800000　　25000 方案 3　15500000　9500000　–250000			

9.2.2 不确定性分析原则

不确定性分析常遵循以下四种原则：乐观原则、悲观原则、折中原则和后悔原则。下面根据这些原则对上述情况进行分析。

9.2.2.1 乐观原则

乐观原则，也称"大中取大法"，指决策者看好未来的市场需求，在选取方案时以各种方案的收益最大值为标准(假设各方案最有利的状态发生)，选择收益最大或损失最小的方案。乐观原则决策过程如下：

① 计算出每种方案的收益最大值，然后找出最大值。

② 在所有方案中，选择收益最大值最大的方案作为最佳方案。

In	lg=PLm.max(axis=1);lg #每列最大者
Out	方案 方案 1 12900000 方案 2 14200000 方案 3 15500000
In	lg.plot(kind='bar');
Out	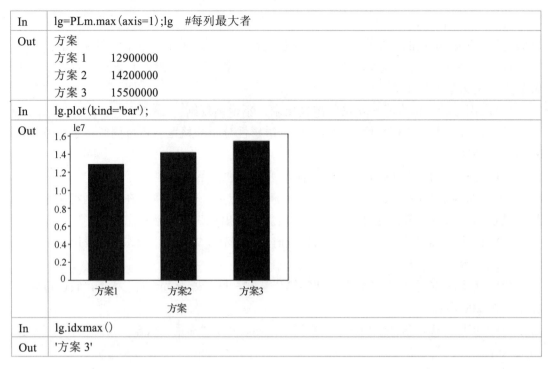
In	lg.idxmax()
Out	'方案 3'

9.2.2.2　悲观原则

悲观原则，也称"小中取大法"，指决策者从最坏的情况出发，在选择方案时以每个方案在各种状态下的损益最小值作为标准(假设各方案最不利的状态发生)，然后再从各方案的损益最小值中选择最大值对应的方案。采用悲观原则往往能够将风险降至最低，其决策过程如下：

(1)在每种方案的损益值中找出最小值。

(2)在所有方案的损益最小值中，找出最大值，其对应的方案即所选方案。

In	bg=PLm.min(1);bg
Out	方案 方案 1 300000 方案 2 25000 方案 3 −250000

In	plt.rcParams['axes.unicode_minus']=False; #正常显示图中负号
	bg.plot(kind='bar');

Out	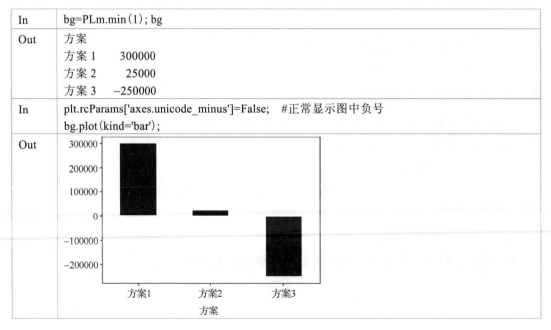

In	bg.idxmax()
Out	'方案 1'

9.2.2.3 折中原则

折中原则是介于乐观原则和悲观原则之间的一种决策方法，它既不会像乐观原则那样过于冒险，又不会像悲观原则那样过于保守。折中原则的决策步骤如下：

(1)找出每种方案在所有状态下的最大值和最小值。

(2)确定最大值系数 a 和最小值系数 $1-a$，计算出各种方案的折中值(加权平均值)。折中值的计算可按照以下公式进行：

$$折中值 = a×最大值 + (1 - a)×最小值$$

式中，a 也叫乐观系数。折中值最大者为最优方案。

In	a=0.65 zz= a*lg + (1−a)*bg; zz
Out	方案 方案 1 8490000.0 方案 2 9238750.0 方案 3 9987500.0
In	zz.plot(kind='bar');
Out	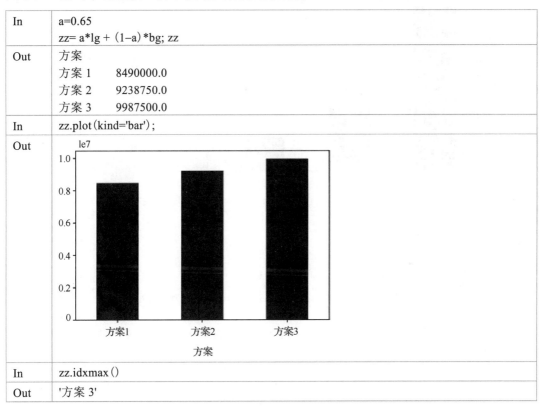
In	zz.idxmax()
Out	'方案 3'

9.2.2.4 后悔原则

后悔原则，指决策者将每种状态的最大值作为该状态的理想值，并将其他状态下的相应值与理想值的收益差作为后悔值。采用后悔原则的决策步骤如下：

(1)计算出各种方案在所有状态下的后悔值矩阵。

(2)从各种方案中选取最大后悔值。

(3)在已选出的最大后悔值中，选最小值对应的方案为所选方案。

In	Rm=PLm.max()-PLm;Rm #后悔矩阵 Regret matrix
Out	<table><tr><td></td><td>畅销</td><td>一般</td><td>滞销</td></tr><tr><td>方案</td><td></td><td></td><td></td></tr><tr><td>方案 1</td><td>2600000</td><td>1400000</td><td>0</td></tr><tr><td>方案 2</td><td>1300000</td><td>700000</td><td>275000</td></tr><tr><td>方案 3</td><td>0</td><td>0</td><td>550000</td></tr></table>
In	hh=Rm.max(1); hh
Out	方案 方案 1 2600000 方案 2 1300000 方案 3 550000
In	hh.plot(kind='bar');
Out	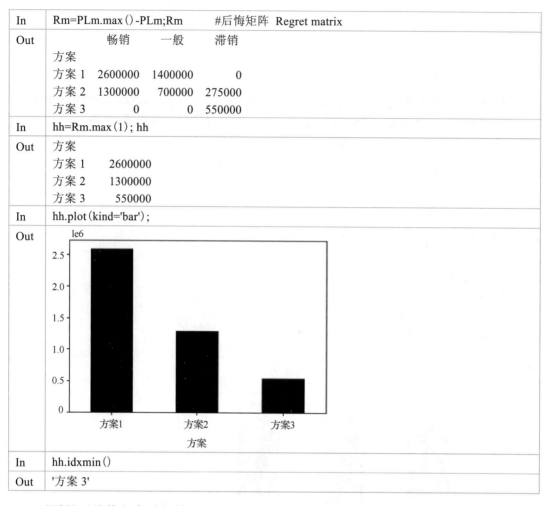
In	hh.idxmin()
Out	'方案 3'

下面显示总体方案选择情况。

In	pd.DataFrame({'乐观':lg,'乐观方案':lg==lg.max(),'悲观':bg,'悲观方案':bg==bg.max(), 　　　　'折中':zz,'折中方案':zz==zz.max(),'后悔':hh,'后悔方案':hh==hh.min()})
Out	<table><tr><td></td><td>乐观</td><td>乐观方案</td><td>悲观</td><td>悲观方案</td><td>折中</td><td>折中方案</td><td>后悔</td><td>后悔方案</td></tr><tr><td>方案</td><td></td><td></td><td></td><td></td><td></td><td></td><td></td><td></td></tr><tr><td>方案 1</td><td>12900000</td><td>False</td><td>300000</td><td>True</td><td>8490000.0</td><td>False</td><td>2600000</td><td>False</td></tr><tr><td>方案 2</td><td>14200000</td><td>False</td><td>25000</td><td>False</td><td>9238750.0</td><td>False</td><td>1300000</td><td>False</td></tr><tr><td>方案 3</td><td>15500000</td><td>True</td><td>−250000</td><td>False</td><td>9987500.0</td><td>True</td><td>550000</td><td>True</td></tr></table>

9.3　概率型风险分析

概率型风险分析不同于确定性决策分析和不确定性决策分析，指决策人不能对未来将出现哪种状态做出确定的判断，但是能够根据某些数据资料计算或估计出各种状态出现的概率。例如，在上例中，商家不能确定该型号的空调将来的市场需求量，但是可以根据市场调研或者相关的历史销售数据得出这三种状态出现的概率，分别为：畅销

(0.10)、一般(0.65)、滞销(0.25)。这种情况下，无论决策者做出何种选择，都具有一定的风险。这类决策问题就称为概率型风险分析。

概率型风险分析有两种方法：期望值法和后悔期望值法。

9.3.1 期望值法及直观分析

期望值法是概率型风险决策中处理风险投资问题最常用的方法。所谓期望值法，是指先计算出各种方案收(损)益的期望值，然后从中选取最大值作为决策方案。期望值的计算公式如下：

$$E(i) = \sum_{j=1}^{n} P_j R_{ij}$$

式中，$E(i)$ 为第 i 个方案的期望值；P_j 为第 j 种状态下的概率；R_{ij} 为第 i 个方案第 j 种状态下的收益值。

将各种方案的收益值、概率等数据输入工作表，并选择 probE 用来存放各方案的期望值。

In	probE=[0.1,0.65,0.25];　　　　　　　　　　#初始概率 qw=(probE*PLm).sum(1); qw			
Out	方案 方案 1　　　6630000.0 方案 2　　　7146250.0 方案 3　　　7662500.0			
	PROB=PLm.copy(); PROB['期望值法']=qw; PROB			
		畅销	一般	滞销　　　期望值法
	方案			
	方案 1	12900000	8100000	300000　　6630000.0
	方案 2	14200000	8800000	25000　　7146250.0
	方案 3	15500000	9500000	−250000　　7662500.0
In	qw.plot(kind='bar');			
Out				
In	qw.idxmax()			
Out	'方案 3'			

9.3.2 后悔期望值法及直观分析

所谓后悔期望值法，是指先计算出后悔矩阵，计算方法可参考 9.2 节，然后利用期望值法根据后悔矩阵选择最佳方案。这种方法与期望值法不同的是，期望值法根据收益矩阵计算，而后悔期望值法根据后悔矩阵计算。因此，期望值法是选择期望值最大者作为最佳方案，而后悔期望值法应选取期望值最小者作为最佳方案。

这里，假设后悔矩阵已计算完成，按照期望值计算公式计算出各种方案后悔矩阵的期望值，最后取期望值最小的方案为最佳方案。

In	probE=[0.1,0.65,0.25]; hhqw=(probE*Rm).sum(1); hhqw
Out	方案 方案 1 1170000.0 方案 2 653750.0 方案 3 137500.0
In	hhqw.plot(kind='bar');
Out	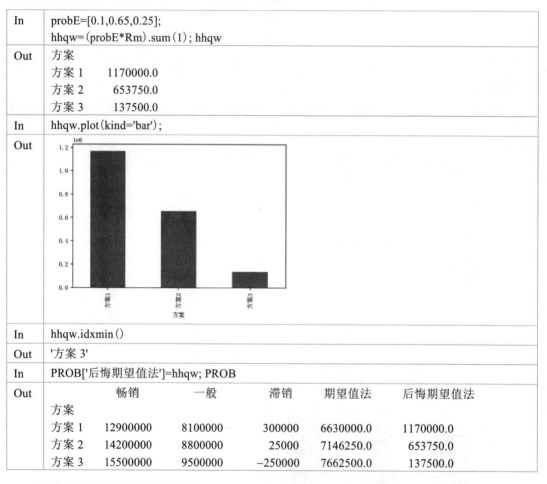
In	hhqw.idxmin()
Out	'方案 3'
In	PROB['后悔期望值法']=hhqw; PROB

Out		畅销	一般	滞销	期望值法	后悔期望值法
	方案					
	方案 1	12900000	8100000	300000	6630000.0	1170000.0
	方案 2	14200000	8800000	25000	7146250.0	653750.0
	方案 3	15500000	9500000	−250000	7662500.0	137500.0

下面显示总体方案选择情况。

In	pd.DataFrame({'期望值':qw,'期望方案':qw==qw.max(), '后悔期望值':qw,'后悔期望方案':hhqw==hhqw.min()})

Out		期望值	期望方案	后悔期望值	后悔期望方案
	方案				
	方案 1	6630000.0	False	1170000.0	False
	方案 2	7146250.0	False	653750.0	False
	方案 3	7662500.0	True	137500.0	True

习题 9

一、选择题

1. 常用的决策分析不包含_____。
   A. 稳定分析   B. 确定性决策分析
   C. 不确定性决策分析   D. 概率型风险分析

2. 以下不属于多目标求解步骤的是_____。
   A. 计算理想值   B. 确定分析方法   C. 计算差距   D. 确定最佳方案

3. 不确定性决策分析常遵循的原则有_____。
   A. 乐观原则   B. 悲观原则   C. 折中原则   D. 后悔原则

4. 对于折中原则中折中值的计算 $H(i)=a \cdot \max(P_{ij})+(1-a) \cdot \min(P_{ij})$ 说法正确的是_____。
   A. a 称为最大收益值系数   B. $1-a$ 称为最小收益值系数
   C. a 称为悲观系数   D. P_{ij} 是第 i 个方案第 j 个状态的收益值

5. 常用的风险分析方法为_____。
   A. 期望值法   B. 平均数法   C. 后悔期望值法   D. 期待值法

6. 下列关于期望值法说法正确的是_____。
   A. 根据收益矩阵计算   C. 选择最大期望值所对应方案为最佳方案
   B. 根据后悔值矩阵计算   D. 选择最小期望值所对应方案为最佳方案

7. 下列关于后悔期望值法说法正确的是_____。
   A. 根据后悔值矩阵计算   C. 选择最大期望值所对应方案为最佳方案
   B. 根据收益矩阵计算   D. 选择最小期望值所对应方案为最佳方案

8. 不确定性决策分析常采用的分析方法有_____。
   A. 比较收益值   B. 比较后悔值   C. 求出期望值   D. 综合考虑准则要求

二、计算题

1. 某电视机商家计划投资改进生产设备，以提高生产效率、降低生产成本来获取更多的经济收益，针对某种型号的电视机，现拟订如下四个方案。计划改进设备后，该型号空调的销售单价为 3000 元/台，预计其年销售量可达 5000 台。

   问：该厂选择哪种方案可以获得最大收益？数据如下。

电视机商家计划投资情况

方案	设备投资（元）	单件成本（元）	年销售量（台）	销售单价（元/台）
方案 1	2500000	1600	5000	3000
方案 2	3000000	1500	5000	3000
方案 3	3500000	1400	5000	3000
方案 4	3800000	1300	5000	3000

(1) 用单目标求解法进行决策分析。

(2) 用多目标求解法进行决策分析。

2. 上例的决策分析假设电视机年销售量固定为 5000 台，但在实际情况中往往不知道确切的市场年需求量，这种情况下，假设就可能出现三种自然状态：

    (1) 当市场年需求量大于预计年销售量时，称其处于"畅销"状态，假设市场年需求量为 8000 台。

    (2) 当市场年需求量大致等于预计年销售量时，称其处于"一般"状态，假设市场年需求量为 5000 台。

    (3) 当市场年需求量低于预计年销售量时，称其处于"滞销"状态，假设市场年需求量为 2000 台。

试用不确定性决策分析中的乐观原则、悲观原则、折中原则和后悔原则对这些方案进行决策分析。

3. 在上例中，商家有可能不能确定该型号电视机将来的市场年需求量，但是可以根据市场调研或者相关的历史销售数据得出这三种状态出现的概率，分别为：畅销 (0.15)、一般 (0.50)、滞销 (0.35)。试用概率型风险分析的期望值法和后悔期望值法对这些方案进行决策分析。

第 10 章　数据的在线分析及可视化

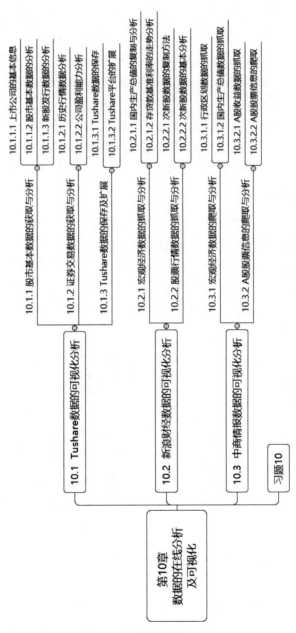

第 10 章思维导图

10.1 Tushare 数据的可视化分析

10.1.1 股市基本数据的获取与分析

Tushare 是一个免费、开源的 Python 财经数据接口包，主要实现对股票等金融数据从数据采集、清洗加工到数据存储的过程，能够为金融分析人员提供快速、整洁和多样的便于分析的数据，在数据收集方面为人们极大地减轻了工作量，使人们能更加专注于策略和模型的研究与实现。考虑到 Python pandas 包在金融量化分析中体现出的优势，Tushare 返回的数据格式绝大部分都是 pandas DataFrame 类型，非常便于用 pandas 进行数据分析和可视化。

Tushare 支持获取的股市数据可分为交易数据、投资参考数据、股票分类数据、基本面数据、龙虎榜数据、宏观经济数据、新闻事件数据、银行间同业拆放利率等大类，每个大类下面又细分一些小类，具体参见网站 http://tushare.org/。

Tushare 包的安装及调用。

In	#!pip install tushare	#也可在命令行安装包：> pip install tushare
	import tushare as ts	#Python 财经数据接口包 http://tushare.org/

10.1.1.1 上市公司的基本信息

可在线直接获取股票最新基本信息，但由于上市公司的股票信息会不断变化，如果想跟书中数据分析结果保持一致，需要读取已保存在本地的数据。

In	s_b=ts.get_stock_basics();　　　#在线获取股票信息，每次读取的数据可能不一样 s_b
In	import pandas as pd　　　　　#读取已保存在本地 tushare.xlsx 中的股票信息 s_b=pd.read_excel('tushare.xlsx','stock_basics',index_col=0); s_b.info()

Out

```
<class 'pandas.core.frame.DataFrame'>
Index: 3951 entries, 688586 to 688519
Data columns（total 22 columns）：
```

#	Column	Non-Null Count	Dtype	
---	------	--------------	-----	
0	name	3951 non-null	object	name,名称
1	industry	3947 non-null	object	Industry,所属行业
2	area	3947 non-null	object	area,地区
3	pe	3951 non-null	float64	pe,市盈率
4	outstanding	3951 non-null	float64	outstanding,流通股本（亿）
5	totals	3951 non-null	float64	totals,总股本（亿）
6	totalAssets	3951 non-null	float64	totalAssets,总资产（万）
7	liquidAssets	3951 non-null	float64	liquidAssets,流动资产
8	fixedAssets	3951 non-null	float64	fixedAssets,固定资产
9	reserved	3951 non-null	float64	reserved,公积金
10	reservedPerShare	3951 non-null	float64	reservedPerShare,每股公积金
11	esp	3951 non-null	float64	esp,每股收益
12	bvps	3951 non-null	float64	bvps,每股净资
13	pb	3951 non-null	float64	pb,市净率
14	timeToMarket	3951 non-null	int64	timeToMarket,上市日期
15	undp	3951 non-null	float64	undp,未分利润
16	perundp	3951 non-null	float64	perundp, 每股未分配
17	rev	3951 non-null	float64	rev,收入同比（%）
18	profit	3951 non-null	float64	profit,利润同比（%）
19	gpr	3951 non-null	float64	gpr,毛利率（%）
20	npr	3951 non-null	float64	npr,净利润率（%）
21	holders	3951 non-null	float64	holders,股东人数

In	s_b.iloc[:6,:7]　#显示前 6 行 7 列数据

Out

code	name	industry	area	pe	outstanding	totals	totalAssets
688586	N 江航	航空	安徽	77.57	0.88	4.04	18.43
688311	N 盟升	元器件	四川	238.24	0.26	1.15	8.70
605222	N 起帆	电气设备	上海	35.53	0.50	4.01	47.26
601456	N 国联	证券	江苏	15.87	4.76	23.78	374.70
002991	N 甘源	食品	江西	35.54	0.23	0.93	8.18
688333	铂力特	机械基件	陕西	0.00	0.42	0.80	14.42

可将数据存入电子表格，供以后调取使用。

In	s_b.to_csv('stock_basics.csv')　　　　　#保存数据到 csv 表格中 #s_b=pd.read_csv('stock_basics.csv',index_col=0)　　#从 csv 文档中读取数据

10.1.1.2 股市基本数据的分析

下面根据我们前面学习的知识和方法简单描述沪深股市。

In	s_b_c=s_b.industry.value_counts(); s_b_c
Out	软件服务　　　　215 元器件　　　　　196 电气设备　　　　186 化工原料　　　　175 专用机械　　　　151 　　　　　... 铁路　　　　　　5 机场　　　　　　4 林业　　　　　　4 商品城　　　　　3 电器连锁　　　　2 Name: industry, Length: 110, dtype: int64
In	from pandas import DataFrame as DF　　　　#设置结果以数据框形式输出 DF(s_b_c)　　　　　　　　　　　　　　#pd.DataFrame(s_b_c)
Out	 110 rows × 1 columns
In	import matplotlib.pyplot as plt plt.rcParams['font.sans-serif']=['SimHei'];　　#中文字为黑体 s_b_c[:10].plot(kind='barh');　　　　　　#前10个行业水平条图
Out	

In	#按行业(industry)计算平均收益率(esp)并排序
	i_e=s_b.groupby(['industry'])['esp'].mean().sort_values();
	DF(i_e)

Out	 industry 空运 −0.2439 旅游服务 −0.1295 公路 −0.1113 旅游景点 −0.1012 酒店餐饮 −0.0901 ... ... 饲料 0.2498 银行 0.3242 船舶 0.3319 保险 0.6951 白酒 1.5171 110 rows × 1 columns esp (列标题)
In	DF(i_e.head(10)) #收益率最低的10个行业
Out	 industry esp 空运 −0.2439 旅游服务 −0.1295 公路 −0.1113 旅游景点 −0.1012 酒店餐饮 −0.0901 石油加工 −0.0856 公共交通 −0.0604 林业 −0.0452 路桥 −0.0398 汽车整车 −0.0253

In	plt.rcParams['axes.unicode_minus']=False; #正常显示图中负号
	i_e.head(10).plot(kind='bar');

Out	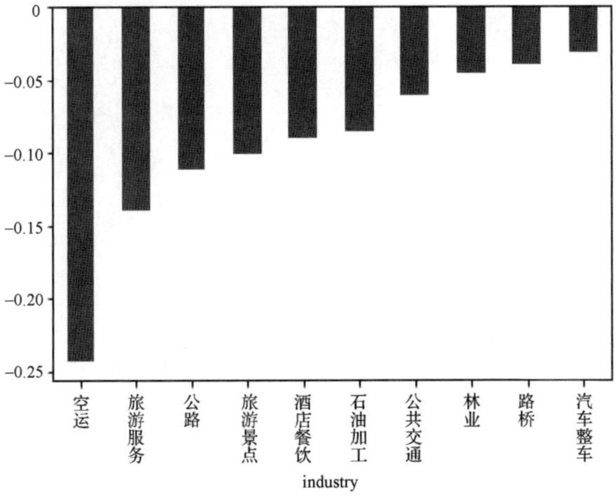

In	DF(i_e.tail(10))　　　　　#收益率最高的 10 个行业
Out	esp industry 农药化肥　　0.1512 园区开发　　0.1536 食品　　　　0.1545 医药商业　　0.1955 农业综合　　0.2306 饲料　　　　0.2498 银行　　　　0.3242 船舶　　　　0.3319 保险　　　　0.6951 白酒　　　　1.5171
In	i_e.tail(10).plot(kind='barh');
Out	

In	#按地区(area)和行业(industry)计算平均收益率(esp)并排序
	a_i_e=s_b.groupby(['area','industry'])['esp'].mean().sort_values();
	DF(a_i_e)

Out	esp area　　industry 江西　公共交通　　−0.6700 新疆　服饰　　　　−0.6300 湖北　旅游服务　　−0.5660 辽宁　石油加工　　−0.5550 湖南　小金属　　　−0.5270 …　　…　　　　　… 山西　白酒　　　　1.4100 深圳　保险　　　　1.4700 江苏　白酒　　　　1.5595 北京　家用电器　　2.2600 贵州　白酒　　　　17.9920 1359 rows × 1 columns
In	GD_e1=DF(a_i_e['广东'].head(10));GD_e1　　#广东省收益率最低的 10 个行业
Out	esp industry 空运　　　　−0.4300 家居用品　　−0.1452

	装修装饰	−0.1090	
	百货	−0.1050	
	酒店餐饮	−0.0920	
	玻璃	−0.0870	
	化纤	−0.0820	
	综合类	−0.0677	
	建筑工程	−0.0653	
	石油加工	−0.0610	
In	GD_e2=DF(a_i_e['广东'].tail(10)); GD_e2		#广东省收益率最高的 10 个行业
Out		esp	
	industry		
	农业综合	0.1745	
	火力发电	0.1757	
	化学制药	0.1872	
	水泥	0.2710	
	电信运营	0.3210	
	乳制品	0.3820	
	医药商业	0.4270	
	多元金融	0.6465	
	饲料	0.6990	
	船舶	1.1385	
In	GD_e12=pd.concat([GD_e1,GD_e2]); #GD_e12 #广东省收益率最低和最高的 10 个行业合并		

In	plt.rcParams['axes.unicode_minus']=False; #正常显示图中负号
	GD_e12.plot(kind='bar').axhline(y=0);		

Out			

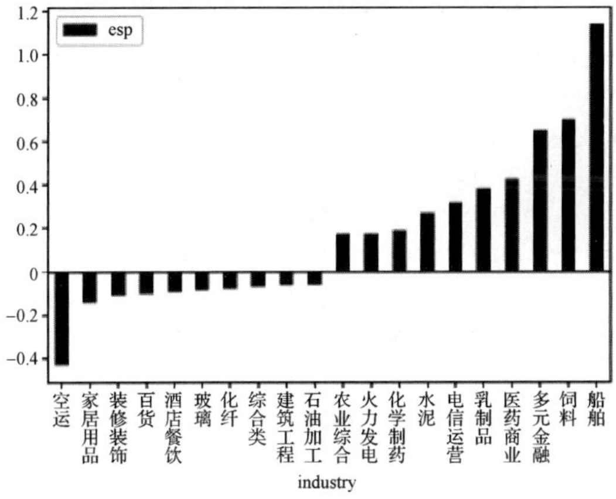

10.1.1.3 新股发行数据的分析

获取 IPO 发行和上市的时间列表，包括发行量、网上发行量、发行价格以及中签率信息等。

其中，retry_count：网络异常后的重试次数，默认为 3；pause：重试时的停顿秒数，默认为 0。

由于不断有新股发行，如果想跟书中数据分析结果保持一致，须读取已保存在本地的数据(详见 10.1.3.1 节，下同)。

In	#n_s=ts.new_stocks(); n_s.info()　　#在线获取新股发行信息
	n_s=pd.read_excel('tushare.xlsx',' new_stocks ',index_col=0); n_s.info()

Out	RangeIndex: 450 entries, 0 to 449
	Data columns（total 12 columns）:
	
	  # Column Non-Null Count Dtype
	--- ------ -------------- -----
	  0 code 450 non-null object code：股票代码
	  1 xcode 450 non-null object xcode：临时代码
	  2 name 450 non-null object name：股票名称
	  3 ipo_date 450 non-null object ipo_date：网上发行日期
	  4 issue_date 407 non-null object issue_date：上市日期
	  5 amount 450 non-null int64 amount：发行量（万股）
	  6 markets 450 non-null int64 markets：网上发行量（万股）
	  7 price 450 non-null float64 price：发行价格（元）
	  8 pe 450 non-null float64 pe:发行市盈率
	  9 limit 450 non-null float64 limit:个人申购上限（万股）
	 10 funds 450 non-null float64 funds：募集资金（亿元）
	 11 ballot 450 non-null float64 ballot:网上中签率（%）

In	n_s.iloc[:6,:7]　　#显示前6行7列数据
Out	<table><tr><th></th><th>code</th><th>xcode</th><th>name</th><th>ipo_date</th><th>issue_date</th><th>amount</th><th>markets</th></tr><tr><td>0</td><td>605008</td><td>707008</td><td>长鸿高科</td><td>2020-08-12</td><td>NaN</td><td>4600</td><td>1380</td></tr><tr><td>1</td><td>300872</td><td>300872</td><td>天阳科技</td><td>2020-08-12</td><td>NaN</td><td>5620</td><td>1602</td></tr><tr><td>2</td><td>300873</td><td>300873</td><td>海晨股份</td><td>2020-08-12</td><td>NaN</td><td>3333</td><td>950</td></tr><tr><td>3</td><td>300876</td><td>300876</td><td>蒙泰高新</td><td>2020-08-12</td><td>NaN</td><td>2400</td><td>684</td></tr><tr><td>4</td><td>300871</td><td>300871</td><td>回盛生物</td><td>2020-08-11</td><td>NaN</td><td>2770</td><td>789</td></tr><tr><td>5</td><td>300870</td><td>300870</td><td>欧陆通</td><td>2020-08-11</td><td>NaN</td><td>2530</td><td>721</td></tr></table>
In	n_s20=n_s.loc[n_s.ipo_date>='2020-01-01',]; n_s20.iloc[:,:8]　　#2020年新股
Out	<table><tr><th></th><th>code</th><th>xcode</th><th>name</th><th>ipo_date</th><th>issue_date</th><th>amount</th><th>markets</th><th>price</th></tr><tr><td>0</td><td>605008</td><td>707008</td><td>长鸿高科</td><td>2020-08-12</td><td>NaN</td><td>4600</td><td>1380</td><td>0.00</td></tr><tr><td>1</td><td>300872</td><td>300872</td><td>天阳科技</td><td>2020-08-12</td><td>NaN</td><td>5620</td><td>1602</td><td>0.00</td></tr><tr><td>2</td><td>300873</td><td>300873</td><td>海晨股份</td><td>2020-08-12</td><td>NaN</td><td>3333</td><td>950</td><td>0.00</td></tr><tr><td>3</td><td>300876</td><td>300876</td><td>蒙泰高新</td><td>2020-08-12</td><td>NaN</td><td>2400</td><td>684</td><td>0.00</td></tr><tr><td>4</td><td>300871</td><td>300871</td><td>回盛生物</td><td>2020-08-11</td><td>NaN</td><td>2770</td><td>789</td><td>0.00</td></tr><tr><td>...</td><td>...</td><td>...</td><td>...</td><td>...</td><td>...</td><td>...</td><td>...</td><td>...</td></tr><tr><td>207</td><td>601816</td><td>780816</td><td>京沪高铁</td><td>2020-01-06</td><td>2020-01-16</td><td>628563</td><td>234379</td><td>4.88</td></tr><tr><td>208</td><td>300813</td><td>300813</td><td>泰林生物</td><td>2020-01-03</td><td>2020-01-14</td><td>1300</td><td>1300</td><td>18.35</td></tr><tr><td>209</td><td>002971</td><td>002971</td><td>和远气体</td><td>2020-01-02</td><td>2020-01-13</td><td>4000</td><td>3600</td><td>10.82</td></tr><tr><td>210</td><td>688178</td><td>787178</td><td>万德斯</td><td>2020-01-02</td><td>2020-01-14</td><td>2125</td><td>808</td><td>25.20</td></tr><tr><td>211</td><td>603551</td><td>732551</td><td>奥普家居</td><td>2020-01-02</td><td>2020-01-15</td><td>4001</td><td>3601</td><td>15.21</td></tr></table> 212 rows × 8 columns
In	#2020年发行量最大的10支新股 n_s20.sort_values(by='amount',ascending=False).iloc[:10,:7]
Out	<table><tr><th></th><th>code</th><th>xcode</th><th>name</th><th>ipo_date</th><th>issue_date</th><th>amount</th><th>markets</th></tr><tr><td>207</td><td>601816</td><td>780816</td><td>京沪高铁</td><td>2020-01-06</td><td>2020-01-16</td><td>628563</td><td>234379</td></tr><tr><td>74</td><td>688981</td><td>787981</td><td>中芯国际</td><td>2020-07-07</td><td>2020-07-16</td><td>193846</td><td>25284</td></tr></table>

121	600918	730918	中泰证券	2020-05-20	2020-06-03	69686	62718
152	688126	787126	沪硅产业	2020-04-09	2020-04-20	62007	13457
134	601778	780778	晶科科技	2020-05-06	2020-05-19	59459	53513
52	601456	780456	国联证券	2020-07-21	2020-07-31	47572	42815
120	601827	780827	三峰环境	2020-05-21	2020-06-05	37827	34044
181	688396	787396	华润微	2020-02-12	2020-02-27	33694	6153
21	688055	787055	龙腾光电	2020-08-06	NaN	33333	5667
113	688599	787599	天合光能	2020-05-29	2020-06-10	31020	8903

In	#2020 年中签率最高的 10 支新股 n_s20.sort_values(by='ballot').iloc[-10:,[0,1,2,3,4,5,11]]

Out		code	xcode	name	ipo_date	issue_date	amount	ballot
	152	688126	787126	沪硅产业	2020-04-09	2020-04-20	62007	0.10
	174	300821	300821	东岳硅材	2020-03-03	2020-03-12	30000	0.11
	150	601609	780609	金田铜业	2020-04-10	2020-04-22	24200	0.12
	179	601696	780696	中银证券	2020-02-13	2020-02-26	27800	0.13
	120	601827	780827	三峰环境	2020-05-21	2020-06-05	37827	0.15
	52	601456	780456	国联证券	2020-07-21	2020-07-31	47572	0.15
	74	688981	787981	中芯国际	2020-07-07	2020-07-16	193846	0.21
	134	601778	780778	晶科科技	2020-05-06	2020-05-19	59459	0.22
	121	600918	730918	中泰证券	2020-05-20	2020-06-03	69686	0.24
	207	601816	780816	京沪高铁	2020-01-06	2020-01-16	628563	0.79

In	plt.plot(n_s20.amount, n_s20.ballot,'o'); #发行量和中签率之间的散点图

Out	

In	n_s20.amount.corr(n_s20.ballot) #发行量和中签率之间的相关系数
Out	0.932035

10.1.2 证券交易数据的获取与分析

交易类数据提供股票的交易行情数据，Tushare 通过简单的接口调用可获取一些证券交易数据。主要包括以下类别：历史行情数据、复权历史数据、实时行情数据、历史分笔数据、实时报价数据、当日历史分笔、大盘指数列表、大单交易数据。限于篇幅，我们只对其中的一些做简单统计分析。

10.1.2.1 历史行情数据分析

Tushare 可获取个股历史行情交易数据（包括均线数据），通过参数设置获取日 K 线、周 K 线、月 K 线，以及 5 分钟、15 分钟、30 分钟和 60 分钟 K 线数据。目前接口只能获取近 3 年的日线数据。适合搭配均线数据进行选股和分析，如果需要全部历史数据，请调用下一个接口 get_h_data()。

参数说明如下。

code：股票代码，即 6 位数字代码或者指数代码(sh=上证指数，sz=深圳成指，hs300=沪深 300 指数，sz50=上证 50，zxb=中小板，cyb=创业板)；

start：开始日期，格式为 YYYY-MM-DD；

end：结束日期，格式为 YYYY-MM-DD；

ktype：数据类型，D=日 K 线，W=周 K 线，M=月 K 线，5=5 分钟，15=15 分钟，30=30 分钟，60=60 分钟，默认为 D；

retry_count：网络异常后的重试次数，默认为 3；

pause：重试时停顿秒数，默认为 0。

由于上市公司的股票信息不断变化，所以历史行情数据也在不断变化中，而且 Tushare 只能读取沪深 300 指数近三年历史行情数据。如果想跟书中数据分析结果保持一致，须读取已保存在本地的数据(见 10.1.3.1 节)。

In	#h_s=ts.get_hist_data('hs300')；h_s.info() #在线获取沪深 300 指数数据
	 h_s=pd.read_excel('tushare.xlsx','hist_data',index_col=0)；h_s.info()	

Out	Index: 605 entries, 2020-08-04 to 2018-02-05 Data columns (total 13 columns)： # Column Non-Null Count Dtype --- ------ -------------- ----- 0 open 605 non-null float64 1 high 605 non-null float64 2 close 605 non-null float64 3 low 605 non-null float64 4 volume 605 non-null float64 5 price_change 605 non-null float64 6 p_change 605 non-null float64 7 ma5 605 non-null float64 8 ma10 605 non-null float64 9 ma20 605 non-null float64 10 v_ma5 605 non-null float64 11 v_ma10 605 non-null float64 12 v_ma20 605 non-null float64	date：日期 open：开盘价 high：最高价 close：收盘价 low：最低价 volume：成交量 price_change：价格变动 p_change：涨跌幅 ma5：5 日均价 ma10：10 日均价 ma20：20 日均价 v_ma5：5 日均量 v_ma10：10 日均量 v_ma20：20 日均量
In	h_s.iloc[:6,:7] #显示前 6 行 7 列数据	

Out		open	high	close	low	volume	price_change	p_change
date								
2020-08-04		4778.49	4807.08	4775.80	4747.77	2.3997e+06	4.49	0.09
2020-08-03		4735.90	4771.37	4771.31	4720.03	2.1478e+06	76.26	1.62
2020-07-31		4652.18	4741.81	4695.05	4621.96	1.8484e+06	38.90	0.83
2020-07-30		4689.76	4704.63	4656.15	4649.77	1.6697e+06	−22.86	−0.49
2020-07-29		4559.16	4680.56	4679.01	4548.85	1.8670e+06	110.75	2.42
2020-07-28		4567.67	4590.25	4568.26	4537.68	1.6277e+06	39.81	0.88

In	h_s.sort_index(inplace=True); #按时间重新排序
	h_s.iloc[:6,:7] #显示排序后数据的前 6 行 7 列

Out		open	high	close	low	volume	price_change	p_change
	date							
	2018-02-05	4204.46	4274.15	4274.15	4200.14	1.6135e+06	2.92	0.07
	2018-02-06	4182.33	4211.52	4148.89	4131.56	2.1491e+06	−125.26	−2.93
	2018-02-07	4205.74	4212.57	4050.50	4048.42	2.0313e+06	−98.39	−2.37
	2018-02-08	4022.88	4071.67	4012.05	3974.68	1.5927e+06	−38.45	−0.95
	2018-02-09	3896.17	3911.29	3840.65	3759.15	2.0635e+06	−171.40	−4.27
	2018-02-12	3846.27	3907.84	3890.10	3828.07	1.1618e+06	49.45	1.29

In	h_s['close'].plot()

In	h_s['price_change'].plot().axhline(y=0,color='red')

In	h_s[['close','ma5','ma10','ma20']].plot()

10.1.2.2 公司盈利能力分析

按年度、季度获取上市公司盈利能力数据。

In	#获取本地 2020 年第 1 季度的盈利能力数据
	#p_d=ts.get_profit_data(2020,1)；p_d.info()　　#在线获取 2020 年第 1 季度盈利能力数据
	p_d=pd.read_excel('tushare.xlsx','profit_data',index_col=0)；p_d.info()

Out	RangeIndex: 3920 entries, 0 to 3919 Data columns（total 9 columns）：

#	Column	Non-Null Count	Dtype	
0	code	3920 non-null	object	code,代码
1	name	3920 non-null	object	name,名称
2	roe	3881 non-null	float64	roe,净资产收益率(%)
3	net_profit_ratio	3913 non-null	float64	net_profit_ratio,净利率(%)
4	gross_profit_rate	3887 non-null	float64	gross_profit_rate,毛利率(%)
5	net_profits	3920 non-null	float64	net_profits,净利润(万元)
6	eps	3661 non-null	float64	esp,每股收益
7	business_income	3919 non-null	float64	business_income 营业收入(百万元)
8	bips	3660 non-null	float64	bips,每股主营业务收入(元)

In	p_d.columns=['代码','名称','净收益率','净利润率','毛利润率', 　　'净利润额', '每股收益','营业收入','主营收入'] p_d['代码'] = p_d['代码'].astype(str)　　#强制代码列为字符串 p_d.head()

	代码	名称	净收益率	净利润率	毛利润率	净利润额	每股收益	营业收入	主营收入
0	002260	*ST 德奥	58.16	68.55	20.6704	33.7153	NaN	49.1790	NaN
1	002069	獐子岛	52.87	0.93	8.7116	3.7139	0.0052	398.4875	0.5603
2	600961	株冶集团	40.07	1.21	4.6506	41.7089	0.0790	3422.5768	6.4888
3	002605	姚记科技	33.05	124.13	67.3586	663.4285	1.6588	534.4203	1.3362
4	002437	誉衡药业	30.17	113.35	67.9203	658.6003	NaN	581.0199	NaN

In	p_d.describe()　　　　#基本统计分析

	净收益率	净利润率	毛利润率	净利润额	每股收益	营业收入	主营收入
count	3881.000	3914.0000	3888.0000	3920.0000	3664.0000	3919.0000	3663.0000
mean	−0.1609	−135.8511	27.0953	231.5838	0.0714	2737.0764	1.2880
std	24.3901	4323.3345	42.0178	2918.1912	0.2707	18093.4212	2.3970
min	−1304.6700	−183209.9800	−1588.8175	−19782.0000	−0.7830	0.0000	0.0000
25%	−0.5900	−4.0275	15.6405	−7.7552	−0.0169	127.0887	0.3105
50%	0.8100	3.9700	26.3671	14.2185	0.0318	333.9930	0.6975
75%	2.1200	12.2675	39.5884	63.3549	0.1121	1003.5094	1.3865
max	58.1600	858.6700	107.9533	84494.0000	10.4233	555502.0000	46.6920

In	p_d.corr()　　　　#相关性分析

	净收益率	净利润率	毛利润率	净利润额	每股收益	营业收入	主营收入
净收益率	1.0000	0.0152	0.0635	0.0181	0.2203	0.0094	0.0790
净利润率	0.0152	1.0000	0.0276	0.0044	0.0365	0.0046	0.0161
毛利润率	0.0635	0.0276	1.0000	0.0349	0.1976	−0.0216	−0.0641
净利润额	0.0181	0.0044	0.0349	1.0000	0.1567	0.4193	0.0482
每股收益	0.2203	0.0365	0.1976	0.1567	1.0000	0.0913	0.3394

营业收入	0.0094	0.0046	−0.0216	0.4193	0.0913	1.0000	0.2426
主营收入	0.0790	0.0161	−0.0641	0.0482	0.3394	0.2426	1.0000

In	pd.plotting.scatter_matrix(p_d,figsize=(10,8)); #矩阵散点图
Out	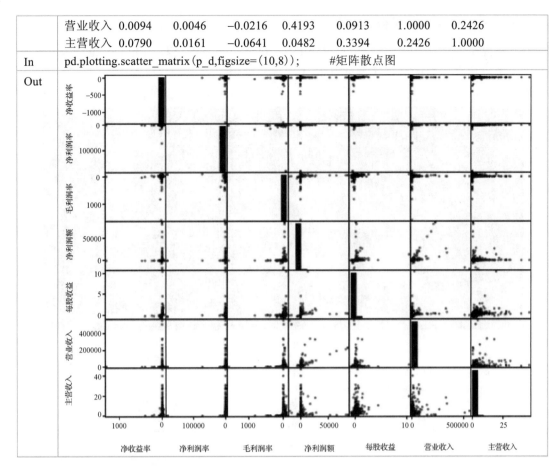

10.1.3　Tushare 数据的保存及扩展

10.1.3.1　Tushare 数据的保存

上面的数据获取和分析都是基于 Tushare 平台的在线数据，但这些数据会随时间发生变化，比如，经常有新股发行，所以上市公司的股票信息会不断变化，新股发行信息也会不断变化，当然历史行情数据、公司盈利能力数据、公司现金流量数据等都会随时间变化。如果想要保持数据分析结果的一致性，可将数据存入电子表格供以后调取使用。

为了方便，我们仍然使用 pandas 的保存数据命令将上面的数据保存到一个 Excel 数据集中，将每组数据放到相应的表单中。

In	`xlsx = pd.ExcelWriter('tushare.xlsx')`
	`s_b.to_excel(xlsx,'stock_basics')` #沪深上市公司的基本信息
	`n_s.to_excel(xlsx,'new_stocks')` #新股发行数据
	`h_s.to_excel(xlsx,'hist_data')` #沪深 300 近三年历史行情数据
	`p_d.to_excel(xlsx,'profit_data')` #公司盈利能力数据
	`xlsx.save()`

In	`#从保存的数据集中读取相应的股票信息数据` `#s_b=pd.read_excel('tushare.xlsx','stock_basics',index_col=0)`

10.1.3.2 Tushare 平台的扩展

需要说明的是，Tushare 目前已从 http://tushare.org 平台迁移到 https://tushare.pro 平台，虽然仍然是免费的，但需要注册和通过积分使用。

新平台的代码和操作基本没变，但用户需按其要求注册并获取 TOKEN 凭证才能使用。

10.2 新浪财经数据的可视化分析

新浪财经是一家创建于 1999 年的财经平台，经过 20 余年的发展壮大，已经成为全球华人的首选财经门户。新浪财经在财经类网站中占有超过三分之一的市场份额，始终保持绝对领先优势，市场占有率为第二名的三倍。

作为国内第一大财经网络媒体，新浪财经打造高端新闻资讯，深度挖掘业内信息，全程报道 80% 以上的业界重要会议及事件，独家率达 90%，是最具影响力的主流媒体平台之一。同时，新浪财经也开发出如金融超市、股市行情、基金筛选器、呼叫中心，金融产品在线查询等一系列实用产品，帮助网民理财，是最为贴心实用的服务平台之一。除此之外，新浪财经为网友搭建互动、交流、学习的财经大平台。财经博客、财经吧、模拟股市、模拟汇市等均成为业界最早、人气最旺、最知名的财经互动社区。

新浪财经并未提供数据的 API 接口，但我们可以通过复制和抓取来获取实时或历史行情数据。

网上关于 Python 抓取新浪财经数据的方法很多，本书只介绍一些简单的新浪数据获取方法。

10.2.1　宏观经济数据的抓取与分析

首先来获取新浪财经数据中的中国宏观经济数据，由于这些数据大都以表格的形式出现，所以可以使用最简单的复制方式读取数据。

10.2.1.1　国内生产总值的复制与分析

在线选取图中的国内生产总值表并复制相关数据，在 Jupyter 中执行下面的命令即可获取表中的国内生产总值数据。

In	import pandas as pd GDP=pd.read_clipboard(index_col=0);GDP	
Out	国内生产总值(亿元)	人均国内生产总值(元)
	年份	
	2019　990865.1	70892.0
	2018　919281.1	66006.0
	2017　832035.9	60014.0
	2016　746395.1	54139.0
	2015　688858.2	50237.0
	2014　643563.1	47173.0

	2013	592963.2	43684.0
	2012	538580.0	39874.0
	2011	487940.2	36302.0
	2010	401202.0	29992.0

In	GDP.sort_index(inplace=True); GDP　　　#按年份重新排序

Out	国内生产总值(亿元)　　　人均国内生产总值(元)
	年份
	2010　　　401202.0　　　　　　　29992.0
	2011　　　487940.2　　　　　　　36302.0
	2012　　　538580.0　　　　　　　39874.0
	2013　　　592963.2　　　　　　　43684.0
	2014　　　643563.1　　　　　　　47173.0
	2015　　　688858.2　　　　　　　50237.0
	2016　　　746395.1　　　　　　　54139.0
	2017　　　832035.9　　　　　　　60014.0
	2018　　　919281.1　　　　　　　66006.0
	2019　　　990865.1　　　　　　　70892.0

In	#在 NoteBook 中设置 pyecharts 绘图，并在 Jupyterlab 中显示 pyecharts 图
	from pyecharts.globals import CurrentConfig,NotebookType
	CurrentConfig.NOTEBOOK_TYPE = NotebookType.JUPYTER_LAB
	import pyecharts.options as opts　　　　　　#加载 pyecharts 全局参数
	figsize=opts.InitOpts(width='600px',height='400px')　#设置 pyecharts 图形大小

In	from pyecharts.charts import Bar　　　　　#加载 pyecharts 绘制条图(Bar)函数
	Bar().load_javascript()　　　　　　　　#制图前需加载一次 JavaScript 函数！！

In	(Bar(figsize)
	.add_xaxis(list(GDP.index))
	.add_yaxis('国内生产总值(亿元)',list(GDP['国内生产总值(亿元)']))
	.render_notebook()
	)

Out	

10.2.1.2 存贷款基准利率的走势分析

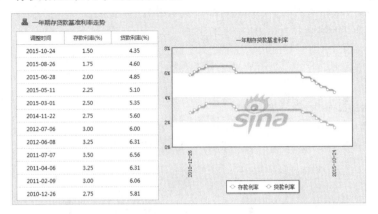

In	Rate=pd.read_clipboard（index_col=0）;Rate　　#复制并读取利率数据		
Out		存款利率（%）	贷款利率（%）
	调整时间		
	2015-10-24	1.50	4.35
	2015-08-26	1.75	4.60
	2015-06-28	2.00	4.85
	2015-05-11	2.25	5.10
	2015-03-01	2.50	5.35
	2014-11-22	2.75	5.60
	2012-07-06	3.00	6.00
	2012-06-08	3.25	6.31
	2011-07-07	3.50	6.56
	2011-04-06	3.25	6.31
	2011-02-09	3.00	6.06
	2010-12-26	2.75	5.81
In	Rate.sort_index（inplace=True）; Rate　　#按日期排序		
Out		存款利率（%）	贷款利率（%）
	调整时间		
	2010-12-26	2.75	5.81
	2011-02-09	3.00	6.06
	2011-04-06	3.25	6.31
	2011-07-07	3.50	6.56
	2012-06-08	3.25	6.31
	2012-07-06	3.00	6.00
	2014-11-22	2.75	5.60
	2015-03-01	2.50	5.35
	2015-05-11	2.25	5.10
	2015-06-28	2.00	4.85
	2015-08-26	1.75	4.60
	2015-10-24	1.50	4.35
In	(Line（opts.InitOpts（width='600px',height='400px')） 　　　.add_xaxis（list（Rate.index））		

| | ```
    .add_yaxis('存款利率(%)',list(Rate['存款利率(%)']))
    .add_yaxis('贷款利率(%)',list(Rate['贷款利率(%)']))
.render_notebook()
)
``` |
| Out | 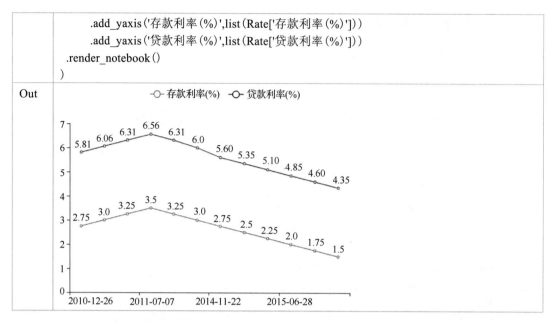 |

10.2.2 股票行情数据的抓取与分析

10.2.2.1 次新股数据的复制方法

新浪财经网站上有大量的数据，下面抓取去次新股数据。这类数据也可以用简单的复制方式获取。但当数据较多时，建议用抓取的方法，见下节，其他类型数据抓取见相关资料。
```

In	new_stock=pd.read_clipboard(index_col=0);new_stock											#复制并读取股票数据	
Out		名称	最新价	涨跌额	涨跌幅	买入	卖出	昨收	今开	最高	最低	成交量/手	成交额/万	股吧
	代码													
	sh600956	新天绿能	12.07	0.27	+2.288%	12.07	12.08	11.80	11.73	12.38	11.66	326,448	39,223.93	股吧
	sh601399	ST国重装	5.09	-0.10	-1.927%	5.09	5.10	5.19	5.20	5.22	5.08	151,000	7,742.86	股吧
	sh601456	国联证券	7.40	0.67	+9.955%	7.40	0.00	6.73	7.40	7.40	7.40	5,285	391.11	股吧
	sh601827	三峰环境	9.80	-0.07	-0.709%	9.79	9.80	9.87	9.89	9.90	9.75	164,732	16,163.78	股吧
	sh603087	甘李药业	208.50	-13.38	-6.030%	208.50	208.51	221.88	222.00	222.00	207.50	58,151	124,764.63	股吧
	...	...	...	...	...	...	...	...	...	...	...	...	...	...
	sz300853	申昊科技	85.34	7.76	+10.003%	85.34	0.00	77.58	85.34	85.34	85.34	1,051	896.99	股吧
	sz300855	图南股份	32.42	2.95	+10.010%	32.42	0.00	29.47	32.42	32.42	32.42	10,425	3,379.81	股吧
	sz300856	科思股份	95.71	8.70	+9.999%	95.71	0.00	87.01	85.90	95.71	85.00	142,621	129,659.31	股吧
	sz300857	协创数据	23.72	2.16	+10.019%	23.72	0.00	21.56	23.72	23.72	23.72	1,492	353.94	股吧
	sz300858	科拓生物	60.46	5.50	+10.007%	60.46	0.00	54.96	60.46	60.46	60.46	1,449	875.96	股吧
	77 rows × 13 columns													

10.2.2.2　次新股数据的基本分析

In	new_stock.sort_values(by='涨跌额',ascending=False).head(10)											#涨幅前十的新股	
Out		名称	最新价	涨跌额	涨跌幅	买入	卖出	昨收	今开	最高	最低	成交量/手	成交额/万	股吧
	代码													
	sz300852	四会富仕	119.76	10.89	+10.003%	119.76	0.00	108.87	109.11	119.76	108.01	30,314	35,022.04	股吧
	sz300856	科思股份	95.71	8.70	+9.999%	95.71	0.00	87.01	85.90	95.71	85.00	142,621	129,659.31	股吧
	sz300853	申昊科技	85.34	7.76	+10.003%	85.34	0.00	77.58	85.34	85.34	85.34	1,051	896.99	股吧
	sh688309	恒誉环保	61.80	6.43	+11.613%	61.80	61.85	55.37	55.51	63.60	54.80	46,243	27,390.85	股吧
	sz002991	甘源食品	67.53	6.14	+10.002%	67.53	0.00	61.39	67.53	67.53	67.53	334	225.31	股吧
	sh605399	N晨光	18.95	5.79	+43.997%	18.95	0.00	13.16	15.79	18.95	15.79	1,325	250.01	股吧
	sz300850	新强联	70.39	5.79	+8.963%	70.38	70.39	64.60	63.58	70.98	62.71	96,944	64,796.33	股吧
	sz300858	科拓生物	60.46	5.50	+10.007%	60.46	0.00	54.96	60.46	60.46	60.46	1,449	875.96	股吧
	sz300837	浙矿股份	81.21	4.93	+6.463%	81.21	81.25	76.28	77.00	82.50	76.96	45,333	36,157.09	股吧
	sz300842	帝科股份	95.50	4.08	+4.463%	95.49	95.50	91.42	91.51	99.51	91.51	81,715	77,864.15	股吧
In	#new_stock.to_csv('new_stock.csv')　　　　　　　　#保存数据到 csv 表格中 #new_stock=pd.read_csv('new_stock.csv',index_col=0)　#从 csv 文档中读取数据												

读者可以用本书的方法对该数据进行进一步的分析和可视化。

10.3　中商情报数据的可视化分析

上面的 Tushare 在线数据和新浪的许多数据是通过公司加工形成的在线数据库平台。网上还有大量的在线数据不全是表格或数据库的形式，直接读取或复制都有困难。如何获取这些数据是大家所关心的，下面我们以中商情报网的中商产业研究院数据库平台为主介绍获取和分析这类数据方法。

10.3.1 宏观经济数据的爬取与分析

中商情报网上的很多数据都是以表格形式出现的，对少量的表格数据，我们可以用上一节介绍的简单的复制方式获取数据，但当数据表较多或数据量较大时，复制方式显然是不方便的。比如，对下图所示的我国宏观经济的综合数据，可通过爬虫技术抓取。

从图上可以看出，我们需要的数据都保存在表格中，所以可以使用 pandas 获取表格数据。在 pandas 库中有一个方法(read_html)可以直接读取网页中的表格，然后遍历出每一个表格。

10.3.1.1 行政区划数据的抓取

In		
	import requests	#加载爬虫库
	url='https://s.askci.com/data/year'	#综合数据之年度行政区划页
	html = requests.get(url).content.decode('utf-8');	#获取网页信息
	html[:300]	#显示网页信息的前 300 个字符

Out	
	'\ufeff<!doctype html>\r\n<html>\r\n<head>\r\n <meta charset="utf-8">\r\n <meta http-equiv="Content-Type" content="text/html; charset=utf-8" />\r\n <title>综合-中国数据-中商产业研究院数据库-中商情报网</title>\r\n <meta name="keywords" content="宏观数据,产量数据,销量数据,上市公司数据,行业数据,价格数据,中商产业研究院数据库" />\r\n <meta name="description" content="宏观数据,产量数据,销量数据,上市公司数据,行业数据,价格数据,中商产业研究院数据库" />\r\n ......

In	
	#获取第 1 页表格数据：行政区划，依次类推 [0,1,2,3,4]
	admin=pd.read_html(html,header=0,index_col=0)[0]; admin

Out	2018	2017	2016	2015	2014	2013	2012
指标							
地级区划数(个)	333	334	334	334	333	333	333
地级市数(个)	293	294	293	291	288	286	285
县级区划数(个)	2851	2851	2851	2850	2854	2853	2852
市辖区数(个)	970	962	954	921	897	872	860
县级市数(个)	375	363	360	361	361	368	368
县数(个)	1335	1355	1366	1397	1425	1442	1453
自治县数(个)	117	117	117	117	117	117	117
乡镇级区划数(个)	39945	39888	39862	39789	40381	40497	40446
镇数(个)	21297	21116	20883	20515	20401	20117	19881
乡数(个)	10253	10529	10872	11315	12282	12812	13281
街道办事处(个)	8393	8241	8105	7957	7696	7566	7282

In		
	admin[:1].T.plot(kind='bar',ylim=[0,500]);	#地级区划数图

Out	

10.3.1.2 国内生产总值数据的抓取

In		
	s.askci.com/data/year/a02/'	#国民经济核算之国内生产总值页
	html = requests.get(url).content.decode('utf-8');	
	gdp=pd.read_html(html,header=0,index_col=0)[0]; gdp	

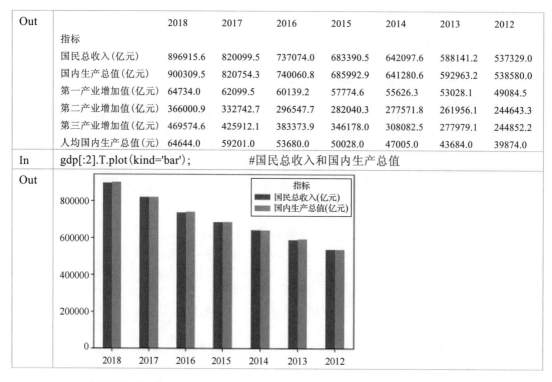

	2018	2017	2016	2015	2014	2013	2012
Out 指标							
国民总收入(亿元)	896915.6	820099.5	737074.0	683390.5	642097.6	588141.2	537329.0
国内生产总值(亿元)	900309.5	820754.3	740060.8	685992.9	641280.6	592963.2	538580.0
第一产业增加值(亿元)	64734.0	62099.5	60139.2	57774.6	55626.3	53028.1	49084.5
第二产业增加值(亿元)	366000.9	332742.7	296547.7	282040.3	277571.8	261956.1	244643.3
第三产业增加值(亿元)	469574.6	425912.1	383373.9	346178.0	308082.5	277979.1	244852.2
人均国内生产总值(元)	64644.0	59201.0	53680.0	50028.0	47005.0	43684.0	39874.0

In	`gdp[:2].T.plot(kind='bar');` #国民总收入和国内生产总值

Out

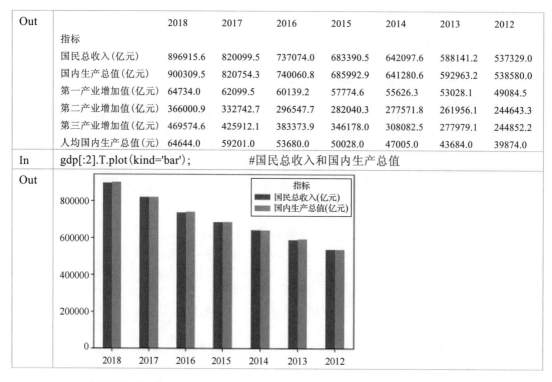

10.3.2 A股股票信息的爬取与分析

很多网站都会以表格的形式展示数据，但如果表格中的数据较多或有多页，显然复制方式是不可行的。

例如，在下图所示的网页中有多个主表数据。

跟上一节一样，获取这种数据只需要通过几行代码就可以（网页爬虫），但股票数据包含很多页，这时可用循环遍历出每一个表，然后将抓取的数据保存在电子表格中即可。

10.3.2.1 A 股收益数据的抓取

In	import requests url='https://s.askci.com/stock/a'　　　　　　　　#A 股信息 html = requests.get(url).content.decode('utf-8');
In	import pandas as pd # 获取第 1 个表格数据：A 股公司营业收入排行榜（2019 年） pd.read_html(html,header=0)[0]
Out	<table><tr><td></td><td>排名</td><td>股票代码</td><td>公司简称</td><td>营业收入（亿元）</td></tr><tr><td>0</td><td>1</td><td>600028</td><td>中国石化</td><td>29661.93</td></tr><tr><td>1</td><td>2</td><td>601857</td><td>中国石油</td><td>25168.10</td></tr><tr><td>2</td><td>3</td><td>601668</td><td>中国建筑</td><td>14198.36</td></tr><tr><td>3</td><td>4</td><td>601318</td><td>中国平安</td><td>11688.67</td></tr><tr><td>4</td><td>5</td><td>601398</td><td>工商银行</td><td>8551.64</td></tr><tr><td>5</td><td>6</td><td>601390</td><td>中国中铁</td><td>8484.40</td></tr><tr><td>6</td><td>7</td><td>601186</td><td>中国铁建</td><td>8304.52</td></tr><tr><td>7</td><td>8</td><td>600104</td><td>上汽集团</td><td>8265.30</td></tr><tr><td>8</td><td>9</td><td>601628</td><td>中国人寿</td><td>7451.65</td></tr><tr><td>9</td><td>10</td><td>601939</td><td>建设银行</td><td>7056.29</td></tr></table>
In	#获取第 2 个表格数据：A 股公司净利润排行榜（2019 年） pd.read_html(html,header=0)[1]
Out	<table><tr><td></td><td>排名</td><td>股票代码</td><td>公司简称</td><td>净利润（亿元）</td></tr><tr><td>0</td><td>1</td><td>601398</td><td>工商银行</td><td>3122.24</td></tr><tr><td>1</td><td>2</td><td>601939</td><td>建设银行</td><td>2667.33</td></tr><tr><td>2</td><td>3</td><td>601288</td><td>农业银行</td><td>2120.98</td></tr><tr><td>3</td><td>4</td><td>601988</td><td>中国银行</td><td>1874.05</td></tr><tr><td>4</td><td>5</td><td>601318</td><td>中国平安</td><td>1494.07</td></tr><tr><td>5</td><td>6</td><td>600036</td><td>招商银行</td><td>928.67</td></tr><tr><td>6</td><td>7</td><td>601328</td><td>交通银行</td><td>772.81</td></tr><tr><td>7</td><td>8</td><td>601166</td><td>兴业银行</td><td>658.68</td></tr><tr><td>8</td><td>9</td><td>601658</td><td>邮储银行</td><td>609.33</td></tr><tr><td>9</td><td>10</td><td>600000</td><td>浦发银行</td><td>589.11</td></tr></table>
In	#获取第 3 个表格数据：A 股公司利润总额排行榜（2019 年） pd.read_html(html,header=0)[2]
Out	<table><tr><td></td><td>排名</td><td>股票代码</td><td>公司简称</td><td>利润总额（亿元）</td></tr><tr><td>0</td><td>1</td><td>601398</td><td>工商银行</td><td>3917.89</td></tr><tr><td>1</td><td>2</td><td>601939</td><td>建设银行</td><td>3265.97</td></tr><tr><td>2</td><td>3</td><td>601288</td><td>农业银行</td><td>2665.76</td></tr><tr><td>3</td><td>4</td><td>601988</td><td>中国银行</td><td>2506.45</td></tr><tr><td>4</td><td>5</td><td>601318</td><td>中国平安</td><td>1847.39</td></tr><tr><td>5</td><td>6</td><td>600036</td><td>招商银行</td><td>1171.32</td></tr><tr><td>6</td><td>7</td><td>601857</td><td>中国石油</td><td>1032.13</td></tr><tr><td>7</td><td>8</td><td>600028</td><td>中国石化</td><td>900.16</td></tr></table>

| | 8 | 9 | 601328 | 交通银行 | 882.00 |
| | 9 | 10 | 601668 | 中国建筑 | 814.67 |

10.3.2.2 A 股股票信息的爬取

In	#构建获取第 4 个表格数据的函数，其中 i 表示第 i 页，即取 pageNum=i
	def get_stock(i):
	    url='https://s.askci.com/stock/a/0-0?reportTime=2020-03-31&pageNum='
	    html = requests.get(url+str(2)).content.decode('utf-8');
	    data=pd.read_html(html,header=0)[3]
	    return data

In	stock1=get_stock(1);stock1 #第 1 页 A 股信息

	序号	股票代码	股票简称	公司名称	省份	城市	主营业务收入(202003)	净利润(202003)	员工人数	上市日期	招股书	公司财报	行业分类	产品类型	主营业务
0	21	25	特力A	深圳市特力(集团)股份有限公司	深圳市	罗湖区	8552.04万	496.65万	325	1993-06-21	--	NaN	汽车销售	主营业务:汽车销售、汽车检测维修及配件销售、物业租赁及服务	汽车销售、汽车检测维修及配件销售、物业租赁及服务
1	22	26	飞亚达	飞亚达精密科技股份有限公司	深圳市	南山区	5.88亿	-1297.48万	4994	1993-06-03	--	NaN	珠宝首饰	主营业务:主要从事手表及其零配件的设计、开发、制造、销售和维修业务，包括"飞亚达"表的产品经...	主要从事手表及其零配件的设计、开发、制造、销售和维修业务，包括飞亚达"表的产品经营和世界名...
2	23	27	深圳能源	深圳能源集团股份有限公司	深圳市	福田区	35.76亿	2.37亿	6935	1993-09-03	--	NaN	火电	主营业务:各种常规能源和新能源的开发、生产、购销以及城市固体废物处理、城市燃气供应和废水处理等	各种常规能源和新能源的开发、生产、购销以及城市固体废物处理、城市燃气供应和废水处理等

......

In	stock1.to_csv('Astock_1.csv',index=False, encoding='utf-8') #保存第 1 页 A 股信息

In	stock = get_stock(1) #获取第 1 页数据
	for i in range(2,10): #获取 2 到 10 页数据，共 190 页，全部爬取需较长时间
	    stock = pd.concat([stock,get_stock(i)]) #拼接表格数据
	stock

In	#stock.to_csv('A_stock.csv', index=False, encoding='utf-8')

有了这些数据，就可用本书的各种方法进行分析和可视化了，限于篇幅，此项任务留给读者去尝试。

习题 10

一、选择题

1．在对数据进行统计时，选择"groupby"表示＿＿＿＿＿＿。
    A．按某一记录将字段进行分组   B．按某一记录计算字段的总和
    C．按某一字段将记录进行分组   D．按某一字段计算记录的总和

2．阅读如下代码：

```
T=n_s.loc[n_s.ipo_date>='2020-01-01',]
```

其中 n_s 表示股票数据，则下列说法正确的是＿＿＿＿＿＿。
    A．T 表示 2019 年之后发行的股票   B．T 表示 2019 年之前发行的股票

C．T 表示 2020 年之前发行的股票　　　D．T 表示 2020 年之后发行的股票

3．下列说法错误的是_____。

　A．code 表示 6 位股票代码　　　　　B．ktype 表示数据类型

　C．volume 表示价格变动　　　　　　D．close 表示收盘价

4．在对数据进行统计时，选择"loc"表示_____。

　A．通过行标签索引数据　　　　　　B．通过行号索引数据

　C．通过列标签索引数据　　　　　　D．通过列号索引数据

5．程序 round(–100.000056, 3)的结果是_____。

　A．–100.000056　　　B．–100　　　C．100　　　D．–100.000

6．绘制条图的函数是_____。

　A．matplotlib.pyplot.pie()　　　　　B．matplotlib.pyplot.bar()

　C．matplotlib.pyplot.plot()　　　　　D．matplotlib.pyplot.scatter()

7．阅读如下代码：

```
import pandas as pd
S=data[(data.esp==1)&(data.rev>10)]
```

　关于 S 说法正确的是_____。

　A．S 中 esp=1 且 rev>10　　　　　B．S 中 esp=1 或 rev>10

　C．S 中 esp≠1 且 rev≤10　　　　　D．S 中 esp≠1 或 rev≤10

8．如下哪个方法可以重排 Series 和 DataFrame 类型的索引？_____

　A．index()　　　B．reindex()　　　C．diff()　　　D．intersection()

二、计算题

1．对全国居民消费价格指数进行分析。请读者从 Tushare 网站选取 2000 年 1 月—2017 年 12 月的全国居民消费价格指数 CPI(月度数据，上年同月=100)作为样本数据，用 Python 语言命令进行数据分析，并用预测方法进行预测。

2．股票收益率的研究。请读者从 Tushare 网站选取 2015 年 1 月 1 日—2017 年 12 月 31 日的沪深 300 指数作为样本数据，对我国证券市场沪深 300 股票指数收益率的变动进行分析。用 Python 语言命令建立相应的预测模型，并从中选一个合适的模型。

附录　本书相关学习资料

附录 A　本书的学习网站

一、资源共享平台

为方便大家学习本书的内容，我们建立了本书的资源共享平台
http://www.jdwbh.cn/Rstat

二、在线学习

本教材的配套在线课程，已上线中国大学 MOOC。
https://www.icourse163.org/course/JNU-1463154168，读者可在线学习。

三、学习云计算平台

http://www.jdwbh.cn/DaPy

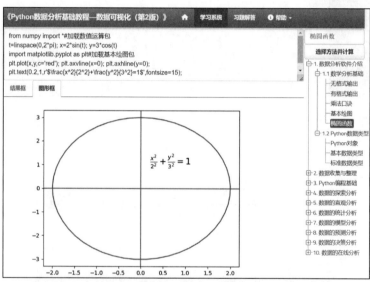

附录 B　书中的相关资料

本书也建立了学习博客 https://www.yuque.com/rstat/dapy，书中的代码、数据、PPT 及作业模板等都可在上面下载。

附录 C　书中自定义函数

一、自定义函数的源码

为方便大家学习本书及用 Python 进行数据分析，我们在书中自编了一些 Python 函数以辅助进行数据分析，下面列出这些函数所在的章节及其用途。

书中自定义函数名及用途

函　数　名	用　　　　途	章　节
tab()	计数数据频数表与条图和圆图	4.3
freq()	计量数据频数表与直方图	4.3
norm_p(a,b)	标准正态曲线下面积（概率）	6.1
t_p(a,b,df)	t 分布曲线下面积（概率）	6.3
ttest_1plot()	单样本 t 检验图形展示	6.3
reglinedemo()	模拟直线回归	7.2

为了方便读者使用这些函数，下面提供获得函数的途径。在使用 Python 前，最好在本地建立一个目录，将所有数据、代码及计算结果都可保存在该目录下，方便操作，这里假设建立的目录是 **D:\DaPy2**，然后将本书所有自定义函数形成一个 Python 文档 DaPy2fun.py，读者可加载调用。

二、自定义函数的使用

（1）函数的定义

```
def tab(x, plot=False): #计数频数表
```

```
f=x.value_counts();f
s=sum(f);
p=round(f/s*100, 3); p
T1=pd.concat([f,p], axis=1);
T1.columns=['例数','构成比'];
T2=pd.DataFrame({'例数':s,'构成比':100.00}, index=['合计'])
Tab=T1.append(T2)
if plot:
    fig,ax=plt.subplots(1,2,figsize=(10,4))
    ax[0].bar(f.index, f); #条图
    ax[1].pie(p, labels=p.index, autopct='%1.2f%%');#饼图
return(round(Tab, 3))
```

(2)调用自定义函数：可将自定义的函数统一存在一个文本文档中(后缀需为.py，如 DaPy2fun.py)，然后在 Jupyter 用%run，如

```
%run DaPy2fun.py
```

(3)使用自定义函数：tab(x) ……

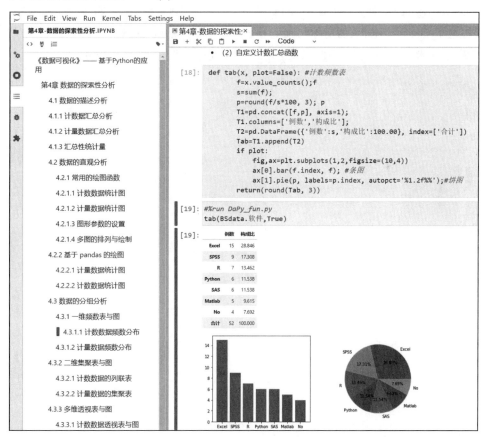

参 考 文 献

[1] 王斌会. Excel 应用与数据统计分析. 广州：暨南大学出版社，2011.

[2] 王斌会. 计量经济学模型及 R 语言应用. 北京：北京大学出版社，2014.

[3] 王斌会. 数据统计分析与 R 语言编程(第二版). 北京：北京大学出版社，2016.

[4] 王斌会. 多元统计分析及 R 语言建模(第五版). 北京：高等教育出版社，2020.

[5] 侯雅文. 统计实验及 R 语言模拟. 北京：北京大学出版社，2016.

[6] 吴国富，安万福，刘景海. 实用数据分析方法. 北京：中国统计出版社，1992.

[7] 唐启义，冯明光. 实用统计分析及其 DPS 数据处理系统. 北京：科学出版社，2002.

[8] Wes McKinner. 利用 Python 进行数据分析. 唐学韬，等译. 北京：机械工业出版社，2014.

[9] 张良均，王路，谭立云，苏剑林. Python 数据分析与挖掘实战. 北京：机械工业出版社，2016.

[10] Fabio Nell. Python 数据分析实战. 杜春晓，译. 北京：人民邮电出版社，2016.

[11] 吴喜之. Python——统计人的视角. 北京：中国人民大学出版社，2018.

[12] 王斌会，王术. Python 数据挖掘方法及应用. 北京：电子工业电出版社，2019.